STERNE und ATOME

VON

A. S. EDDINGTON

M.A., L.L.D., D.SC., F.R.S.
PLUMIAN PROFESSOR DER ASTRONOMIE
AN DER UNIVERSITÄT CAMBRIDGE

INS DEUTSCHE ÜBERTRAGEN UND MIT
DER DRITTEN ENGLISCHEN AUFLAGE
IN ÜBEREINSTIMMUNG GEBRACHT
VON

DR. O. F. BOLLNOW

GÖTTINGEN

MIT 11 ABBILDUNGEN

ZWEITE AUFLAGE

BERLIN
VERLAG VON JULIUS SPRINGER
1931

ISBN-13: 978-3-642-98709-0   e-ISBN-13: 978-3-642-99524-8
DOI: 10.1007/978-3-642-99524-8

Ich häufe ungeheure Zahlen,
Gebürge Millionen auf,
Ich setze Zeit auf Zeit und Welt auf Welt zu Hauf.

A. von Haller.

Softcover reprint of the hardcover 2nd edition   1931

Alle Rechte vorbehalten.

Vorwort zur ersten englischen Auflage.

„Sterne und Atome" war das Thema eines Vortrags, den ich im August 1926 auf der Tagung der British Association in Oxford gehalten habe. Bei der Bearbeitung für die Veröffentlichung sind die durch eine begrenzte Zeit gebotenen Beschränkungen fallen gelassen, und so erscheint er in diesem Buch in drei Vorlesungen. Etwas früher hatte ich in demselben Jahr im Kings College in London eine Reihe von drei Vorlesungen über denselben Gegenstand gehalten; diese sind mit dem Vortrag in Oxford verbunden worden und lieferten die meisten Ergänzungen.

Eine erschöpfende Darstellung des Gegenstands, mit Einschluß der mathematischen Theorie, habe ich in meinem umfangreicheren Buch „Der innere Aufbau der Sterne"[1] gegeben. Hier kommt es mir allein darauf an, einige der grundlegenden Gedanken und Ergebnisse zu entwickeln.

Der Fortschritt unserer Kenntnis von den Atomen und der Strahlung hat zu vielen beachtenswerten Ergebnissen in der Astronomie geführt, und umgekehrt spielte die Untersuchung der Materie unter den außergewöhnlichen Bedingungen, wie sie auf Sternen und Sternnebeln vorherrschen, keine geringere Rolle bei dem Fortschritt der Atomphysik. Das ist in großen Zügen der Inhalt dieser Vorlesungen. Hierbei sind unter den Fortschritten und Entdeckungen diejenigen ausgewählt worden, die eine verhältnismäßig einfache Darstellung erlauben; aber es ist oft notwendig, vom Leser eine gedankliche Anspannung zu verlangen, doch wird sich diese hoffentlich durch den Reiz des Gegenstands bezahlt

---

[1] EDDINGTON, A. S.: The Internal Constitution of the Stars. Cambridge: Univ. Press 1926.

— — Der innere Aufbau der Sterne. Berlin: JULIUS SPRINGER 1927.

machen. Die Behandlung war mehr in plauderndem Ton gedacht als in wissenschaftlichem Aufbau; aber geistige Gewohnheiten lassen sich nicht ganz unterdrücken, und so ist ein gewisses Maß Wissenschaftlichkeit bei der Darstellung mit untergelaufen. In diesen Fragen, bei denen unsere Gedanken beständig vom ausnehmend Großen zum ausnehmend Kleinen, vom Stern zum Atom und zurück zum Stern schweifen, ist die Geschichte des Fortschritts reich an Abwechslung. Wenn nicht zu viel bei der Wiedergabe verlorengegangen ist, sollte sie in vollem Maß die Freuden — und die Mühen — wissenschaftlicher Forschung in allen Stufen ihrer Entwicklung miterleben lassen.

Temperaturen sind durchweg in Celsiusgraden ausgedrückt. Für 10^{12}, 10^{18} usw. sind die Bezeichnungen Billion, Trillion usw. benutzt worden.

A. S. E.

Inhaltsverzeichnis.

Das Innere eines Sterns.

Die Sonne gehört zu einem System von etwa 3000 Millionen Sternen. Die Sterne sind Kugeln, ungefähr von der gleichen Größe wie die Sonne, d. h. von einer Größenordnung von einer Million Kilometer im Durchmesser. Der Raum, den sie zur Verfügung haben, ist von verschwenderischem Ausmaß. Stellen Sie sich 30 Tennisbälle vor, die im ganzen Inneren der Erde umherfliegen; die Sterne, die im Weltenraum umherschweifen, haben ebensoviel Platz zur Verfügung und laufen ebensowenig in Gefahr zusammenzustoßen wie die Tennisbälle. Wir staunen über die Größe des Sternensystems. Aber dies ist wahrscheinlich noch nicht das Letzte. Es wird immer deutlicher, daß die Spiralnebel „Inselwelten" sind, außerhalb unseres eigenen Sternensystems. Es ist durchaus möglich, daß das, was wir übersehen, nur einen kleinen Teil eines größeren Ganzen ausmacht.

Ein Tropfen Wasser enthält mehrere tausend Millionen Millionen Millionen Atome. Jedes Atom mißt etwa ein Hundert-Millionstel Zentimeter im Durchmesser. Hier staunen wir über die winzige Feinheit dieses Kunstwerks. Aber auch dies ist nicht das Letzte. Innerhalb des Atoms beschreiben die sehr viel kleineren Elektronen Bahnen, wie die Planeten um die Sonne, in einem Raum, der im Verhältnis zu ihrer Größe nicht weniger weit ist als das Sonnensystem.

Der Größe nach liegt fast in der Mitte zwischen dem Atom und dem Stern ein anderes, nicht weniger bewundernswürdiges Gebilde — der menschliche Körper. Der Mensch steht dem Atom ein wenig näher als dem Stern. Gegen 10^{27} Atome bilden seinen Körper; gegen 10^{28} menschliche Körper liefern genug Stoff, um einen Stern aufzubauen.

Von dieser seiner Mittelstellung aus kann der Mensch mit dem Astronomen die größten oder mit dem Physiker die kleinsten Werke der Natur überschauen. Heute abend bitte ich Sie, auf beide Wege zu sehen. Denn der Weg zur Kennt-

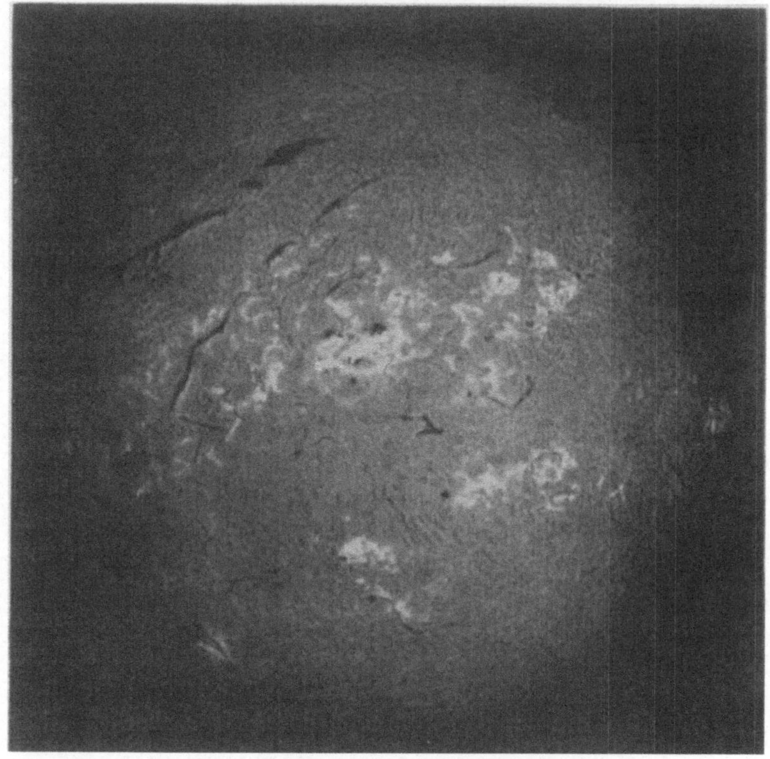

Abb. 1. Die Sonne. Wasserstoff-Spektroheliogramm.

nis der Sterne führt über das Atom, und wichtige Kenntnis vom Atom ist auf dem Weg über die Sterne erzielt worden.

Der uns vertrauteste Stern ist die Sonne. Astronomisch gesprochen ist sie zum Greifen nahe. Wir können ihre Größe messen, sie wiegen, ihre Temperatur feststellen und so fort, leichter als bei den andern Sternen. Wir können ihre Oberfläche photographieren, während die andern Sterne so fern

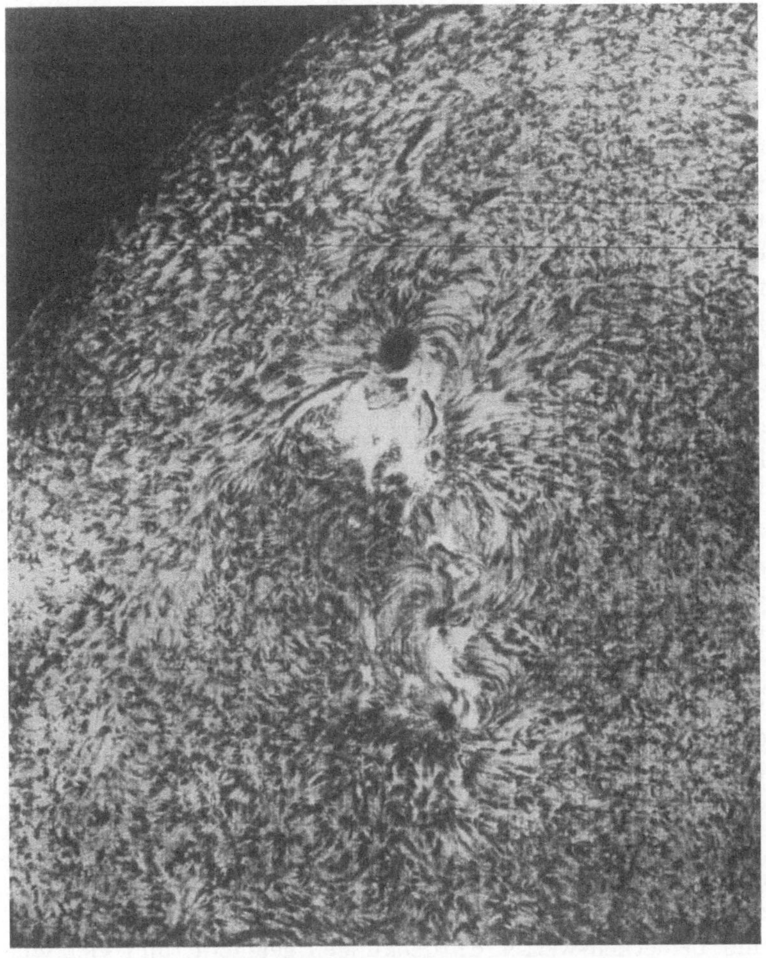

Abb. 2. Sonnenwirbel. Wasserstoff-Spektroheliogramm.

sind, daß das größte Fernrohr auf der Welt sie nur als bloße Lichtpunkte abzubilden vermag. Abb. 1 und 2 [1] zeigen neuere Aufnahmen der Sonnenoberfläche. Ohne Zweifel würden die

[1] Abb. 1 ist die Wiedergabe einer Aufnahme von Mr. Evershed am Kodaikanalobservatorium in Madras. Abb. 2 ist von der Mount-Wilson-Sternwarte in Kalifornien aufgenommen.

Sterne im allgemeinen ähnliche Züge zeigen, wenn sie nahe genug wären, um sich untersuchen zu lassen.

Ich muß zunächst bemerken, daß dies nicht gewöhnliche Photographien sind. Gewöhnliche Photographien zeigen sehr schön die dunklen Flecken, die sogenannten Sonnenflecken, aber im übrigen sind sie ziemlich nichtssagend und reizlos. Die hier wiedergegebenen Bilder wurden mit einem Spektro-Heliographen aufgenommen, einem Instrument, das nur für Licht einer ganz bestimmten Art (Wellenlänge) empfindlich ist und alles übrige ausscheidet. Letzten Endes läuft die Wirkung dieser Auswahl darauf hinaus, daß das Instrument die verschiedenen Schichten in der Sonnenatmosphäre voneinander sondert und anzeigt, was in einer bestimmten Schicht vor sich geht, anstatt einen einzigen, verwaschenen Eindruck aller Schichten übereinander wiederzugeben. Abb. 2, die zu einer hohen Schicht gehört, gibt ein herrliches Bild von Wirbelwinden und Aufruhr. Ich glaube, die Sonnenmeteorologen würden diese Wirbel mit uns ganz bekannten Ausdrücken beschreiben: „Ein starkes Tief mit Randstörungen rückt heran. Wahrscheinlich wird wieder veränderliches Wetter eintreten." Aber vielleicht gibt es auf der Sonne immerzu eine einzige, zuverlässige Wettervoraussage: Zyklone und Antizyklone, die Temperatur wird sehr warm sein — gegen 6000° nämlich.

Aber im Augenblick will ich mich nicht bei den äußeren Schichten oder der Atmosphäre der Sonne aufhalten. In dieser Gegend hat man neuerdings eine große Zahl neuer und bemerkenswerter Entdeckungen gemacht, und viel von diesem neuen Wissen hängt ganz eng mit meinem Gegenstand „Sterne und Atome" zusammen. Aber persönlich bin ich mehr unterhalb der Oberfläche zu Hause, und ich beeile mich, in die Tiefe hinabzutauchen. Deshalb stürzen wir nach einem kurzen Blick auf die Gegend, durch die wir kommen, in das Allerinnerste — in das kein Auge zu dringen vermag, von dessen Zuständen man aber trotzdem durch wissenschaftliche Überlegung sehr viel kennen lernen kann.

Die Temperatur im Innern.

Auf mathematischem Wege kann man ausrechnen, wie stark der Druck zunimmt, wenn wir ins Innere der Sonne hinabsteigen, und wie stark die Temperatur zunehmen muß, um den Druck auszuhalten. Der Architekt kann die Kräfte im Innern eines Pfeilers seines Hauses ausrechnen; er braucht kein Loch hineinzubohren. Ebenso kann der Astronom die Kraft oder den Druck an Punkten innerhalb der Sonne ausrechnen, ohne ein Loch zu bohren. Vielleicht ist es noch überraschender, daß man auch die Temperatur durch bloße Rechnung finden kann. Es ist ganz natürlich, daß sich bei Ihnen Zweifel regen, wenn wir zu wissen behaupten, wie heiß es ganz in der Mitte eines Sterns ist — und das wird noch mehr der Fall sein, wenn ich sogar die genauen Zahlen mitteile! Ich will darum lieber die Methode beschreiben, so weit ich kann. Ich werde mich nicht auf Einzelheiten einlassen; aber ich hoffe, Ihnen zeigen zu können, daß hier ein Faden ist, der sich durch geeignete mathematische Methoden verfolgen läßt.

Ich muß vorausschicken, daß die Wärme eines Gases hauptsächlich in der Bewegungsenergie seiner Teilchen besteht, die nach allen Richtungen eilen und auseinanderzustieben trachten. Das gibt dem Gas seine Elastizität oder Ausdehnungskraft; die Elastizität eines Gases ist jedermann durch ihre praktische Verwendung im Gummireifen bekannt. Nun versetzen Sie sich an einen Punkt tief im Innern des Sterns, von wo Sie aufwärts zur Oberfläche und abwärts zum Mittelpunkt sehen können. Wo Sie auch sein mögen, überall muß eine bestimmte Gleichgewichtsbedingung erfüllt sein: einerseits lastet dort das Gewicht aller Schichten über Ihnen, die nach unten drücken und das darunterliegende Gas zusammenzupressen streben; anderseits versucht die Elastizität des Gases unter Ihnen, sich auszudehnen und die darüberliegenden Schichten nach außen zu drängen. Da weder das eine noch das andere eintritt und der Stern auf Jahrhunderte praktisch unverändert bleibt, müssen wir schließen, daß beide Kräfte sich gerade das Gleichgewicht halten. An jedem Punkt muß die elastische Kraft des Gases gerade ausreichen, um dem Gewicht der darüberliegenden Schichten das Gleichgewicht zu halten; und da die Elastizität durch die Wärme erzeugt wird, bestimmt diese Bedingung, wie warm das Gas sein muß. So finden wir den Wärmegrad oder die Temperatur an jedem Punkt.

Derselbe Zusammenhang läßt sich ein wenig anders ausdrücken: Wie vorher fassen wir einen bestimmten Punkt in einem Stern ins Auge und überlegen, auf welche Weise die darauf lastende Materie getragen wird. Wenn sie nicht unterstützt wäre, würde sie unter dem Einfluß der anziehenden Wirkung der Schwerkraft zum Mittelpunkt fallen. Die Unterstützung wird durch die Aufeinanderfolge winziger Stöße durch die darunterbefindlichen Teilchen bewirkt; wir haben gesehen, daß deren Wärme sie zu Bewegungen nach allen Richtungen veranlaßt und sie fortwährend an die darüber befindliche Materie stoßen. Jeder Stoß gibt einen leichten Ruck nach oben, und die ganze Aufeinanderfolge der Stöße hält die darüberliegende Materie im Schweben wie beim Ballspiel. (Dieser Vorgang ist nicht auf die Sterne beschränkt; ebenso wird z. B. das Automobil von seiner Bereifung getragen.) Ein Ansteigen der Temperatur bedeutet ein Anwachsen der Lebhaftigkeit der Teilchen und damit ein Anwachsen der Häufigkeit und Stärke der Stöße. Offensichtlich haben wir eine Temperatur so zu bestimmen, daß die gesamte Summe der Stöße weder zu groß noch zu klein ist, um die darüberliegende Materie gleichmäßig zu tragen. Das ist im wesentlichen unsere Methode der Temperaturberechnung.

Dabei erhebt sich eine naheliegende Schwierigkeit: Der Gesamtbetrag der tragenden Kraft kann nicht allein von der Schnelligkeit der Teilchen (der Temperatur), sondern muß auch von ihrer Zahl (der Dichte) abhängen. Zu Anfang kennen wir die Dichte der Materie an einem beliebigen Punkt tief im Innern der Sonne nicht. Hier müssen wir den Scharfsinn des Mathematikers in Anspruch nehmen. Er hat einen bestimmten Betrag an Materie zur Verfügung, nämlich die bekannte Masse der Sonne; je mehr er an dem einen Teil der Kugel verbraucht, desto weniger behält er für die andern Teile. Er wird sich sagen: „Ich möchte die Temperatur nicht übermäßig hoch annehmen; darum will ich sehen, ob ich auskommen kann, ohne über 10 000 000° hinauszugehen." Das beschränkt die Geschwindigkeit, die jedem Teilchen zugeschrieben werden muß. Wenn daher der Mathematiker eine große Tiefe in der Sonne erreicht und demgemäß ein schweres Gewicht darüberliegender Masse auszuhalten hat, so bleibt ihm, um den erforderlichen Gesamtimpuls zu erhalten, nichts anderes übrig, als eine größere Anzahl von Teilchen zu nehmen. Er wird dann finden, daß er alle seine Teilchen zu schnell verbraucht und nichts übrig behalten hat, um die Mitte zu füllen. Selbstverständlich würde dieser durch nichts getragene Bau in den Hohlraum zusammenstürzen. Auf diesem Wege können wir nachweisen, daß es unmöglich ist, einen beständigen Stern von der Größe der Sonne aufzubauen, ohne eine Wärmebewegung oder Temperatur über 10 000 000° einzuführen. Der Mathematiker kann noch einen Schritt weiter gehen; anstatt nur eine untere Grenze festzulegen, kann er annähernd die wahre Temperaturverteilung ermitteln, indem er berücksichtigt, daß die Temperatur keinen „Sprung" machen kann. Die Wärme strömt von einem Punkt zum andern, und jeder Sprung würde in einem wirklichen Stern bald ausgeglichen sein. Ich verlasse hier den Mathematiker, der diese zur Verfolgung des Fadens gehörige Überlegung gründlicher durchführen muß. Ich bin zufrieden, wenn ich Ihnen gezeigt habe, daß es überhaupt möglich ist, das Problem in Angriff zu nehmen.

Diese Methode wurde zuerst vor mehr als 50 Jahren angewandt. Sie wurde schrittweise entwickelt und verbessert, und jetzt glauben wir, daß die Ergebnisse nahezu richtig sind — daß wir wirklich wissen, wie heiß es im Innern eines Sterns ist.

Ich erwähnte soeben eine Temperatur von 6000°; das war die Temperatur in der Nähe der Oberfläche — der Gegend,

die wir in Wirklichkeit sehen. Es macht keine große Schwierigkeit, diese Oberflächentemperatur durch Beobachtung zu
bestimmen; in der Tat wird diese Methode in der Praxis oft
benutzt, um die Temperatur eines Hochofens von außen zu
bestimmen. Nur für die tieferliegenden, nicht sichtbaren
Gegenden ist die rein theoretische Berechnungsweise notwendig. Diese 6000⁰ sind nur die Wärme am Rande des
großen Sonnenofens, sie geben noch keine Vorstellung von
der furchtbaren Hitze im Innern. Wenn man ins Innere
vordringt, steigt die Temperatur rasend schnell bis über
eine Million Grad und wächst weiter, bis sie im Mittelpunkt
der Sonne gegen 40 000 000⁰ beträgt.

Man darf nicht glauben, daß 40 000 000⁰ so ungeheuer
heiß sind, daß dort der Begriff der Temperatur überhaupt
seinen Sinn verloren hat. Diese Temperaturen in den Sternen
sind ganz wörtlich zu nehmen. Wärme ist die Bewegungsenergie der Atome oder Moleküle des Stoffes, und durch die
Temperatur, die die Wärme mißt, kann man die Geschwindigkeit dieser Atome oder Moleküle bestimmen. Bei der Temperatur dieses Zimmers z. B. bewegen sich die Luftmoleküle mit
einer durchschnittlichen Geschwindigkeit von 500 Metern in
der Sekunde. Wenn wir sie auf 40 000 000⁰ erhitzten, würde
die Geschwindigkeit etwas über 150 km in der Sekunde betragen. Das ist weiter nicht aufregend; der Astronom ist an
Geschwindigkeiten wie diese durchaus gewöhnt. Die Geschwindigkeiten der Sterne oder der Meteore, die in die Erdatmosphäre eindringen, liegen im allgemeinen zwischen 15
und 150 km in der Sekunde. Die Umlaufsgeschwindigkeit der
Erde um die Sonne beträgt 30 km in der Sekunde. So ist
dies für einen Astronomen eine ganz gewöhnliche Geschwindigkeit, die er sich vorstellen kann, und er betrachtet
natürlich 40 000 000⁰ als einen ganz bequemen Zustand, mit
dem man umgehen kann. Und wenn der Astronom vor einer
Geschwindigkeit von 150 km in der Sekunde nicht zurück-
schreckt, so sieht der Experimentalphysiker mit Gering-
schätzung darauf hinab; denn er ist gewohnt, mit Atomen

umzugehen, die vom Radium und ähnlichen Stoffen mit Geschwindigkeiten von 15 000 km in der Sekunde ausgesandt werden. Da der Physiker daran gewöhnt ist, diese schnellen Atome zu beobachten und ihre Kraft zu messen betrachtet er den Zuckeltrab der Atome auf den Sternen als etwas ganz Alltägliches.

Außer den Atomen, die in allen Richtungen hin und her jagen, gibt es im Innern eines Sterns große Mengen von Ätherwellen, die ebenfalls in allen Richtungen dahinjagen. Ätherwellen führen verschiedene Namen, je nach ihrer Wellenlänge. Die längsten sind die HERTZschen Wellen, die man beim Rundfunk verwendet; dann kommen die infraroten Wärmewellen, danach Wellen vom gewöhnlichen, sichtbaren Licht; dann ultraviolette, photographisch oder chemisch wirksame Strahlen; dann Röntgenstrahlen; dann Gammastrahlen, wie sie von radioaktiven Stoffen ausgesandt werden. Die kürzesten von allen Strahlen sind wahrscheinlich die der durchdringenden Strahlung, die man in unserer Atmosphäre gefunden hat und die nach den Untersuchungen von KOHLHÖRSTER und MILLIKAN vermutlich aus dem Weltenraum zu uns dringen. Diese sind in ihrem Wesen alle gleich, entsprechen aber verschiedenen Oktaven. Das Auge ist nur für eine einzige Oktave empfindlich, so daß die meisten von ihnen unsichtbar sind; aber im wesentlichen haben sie alle dieselbe Natur wie das sichtbare Licht.

Die Ätherwellen im Innern eines Sterns gehören zu der Gruppe, die man Röntgenstrahlen nennt. Sie sind die gleichen wie die Röntgenstrahlen, die man künstlich in einer Röntgenröhre erzeugt. Im Durchschnitt sind sie „weicher" (d. h. länger) als die in den Krankenhäusern verwandten, aber nicht weicher als manche in unseren Laboratorien angewandte Röntgenstrahlen. So finden wir im Innern der Sterne etwas ganz Bekanntes wieder, was wir schon im Laboratorium genau untersucht haben.

Neben den Atomen und Ätherwellen gibt es noch eine dritte Bevölkerung, die sich am Tanz beteiligt. Das sind

Scharen von freien Elektronen. Das Elektron ist das Leichte-
ste, was wir kennen; es wiegt nicht mehr als $^1/_{1840}$ des leichtesten Atoms. Es ist nur eine allein herumwandernde Ladung
negativer Elektrizität. Ein Atom besteht aus einem schweren
Kern, der gewöhnlich von einer Hülle von Elektronen um-
kreist wird. Es ist oft mit einem winzigen Sonnensystem
verglichen worden, und der Vergleich gibt eine gute Vorstellung von der *Leere* in einem Atom. Der Kern entspricht
der Sonne und die Elektronen den Planeten. Jede Atom-
art — jedes chemische Element — hat eine verschiedene Zahl
von Planetelektronen. Unser eigenes Sonnensystem mit acht
Planeten könnte vor allem mit dem Sauerstoffatom verglichen werden, das acht kreisende Elektronen hat. In der
irdischen Physik betrachten wir die Hülle oder Krinoline aus
Elektronen gewöhnlich als einen wesentlichen Bestandteil des
Atoms, weil wir selten unvollständig bekleidete Atome finden;
wenn wir wirklich ein Atom treffen, das ein oder zwei Elektronen seines Systems verloren hat, nennen wir es ein „Ion“.
Aber im Innern eines Sterns würde es bei dem großen Aufruhr, der dort herrscht, sinnlos sein, sich auf solche engherzige
Bekleidungsvorschriften zu versteifen. Alle Atome haben
einen beträchtlichen Anteil ihrer Planetelektronen verloren
und sind darum im strengen Sinne *Ionen*.

Die Ionisation der Atome.

Bei den hohen Temperaturen im Innern eines Sterns
bewirkt das Aufeinanderprallen der Teilchen und besonders
das Zusammentreffen von Ätherwellen (Röntgenstrahlen)
mit Atomen, daß Elektronen abgespalten und befreit werden.
Diese freien Elektronen bilden den dritten Bestandteil der
Bevölkerung, von dem ich gesprochen habe. Für jedes
einzelne ist die Freiheit nur von kurzer Dauer, denn es wird
sofort von einem andern beschädigten Atom wieder eingefangen; aber inzwischen wird irgendwo anders ein anderes
Elektron abgespalten und tritt statt dessen in die freie Bevölkerung ein. Dieses Abspalten der Elektronen von den

Atomen nennt man *Ionisation,* und weil sie für die Erforschung der Sterne äußerst wichtig ist, will ich Ihnen jetzt photographische Aufnahmen von diesem Vorgang zeigen.

Mein Gegenstand heißt „Sterne und Atome"; Aufnahmen von einem Stern habe ich Ihnen schon gezeigt, so muß ich Ihnen die Aufnahme eines Atoms zeigen. Neuerdings ist das ganz leicht. Da sich einige Trillionen Atome in dem kleinsten Stück Materie befinden, würde es nur verwirren, wenn das Bild sie alle zeigte. Glücklicherweise wählt die Photographie aus und zeigt nur „D-Zug"-Atome, die wie Meteore vorbeiblitzen, und läßt alle übrigen unbeachtet. Wir können es so einrichten, daß ein Teilchen Radium nur wenige schnelle Atome durch das Gesichtsfeld der Kamera schießt und wir so ein deutliches Bild von jedem einzelnen erhalten.

Abb. 3[1] ist ein Lichtbild von drei oder vier Atomen, die durch das Gesichtsfeld geflogen sind und die breiten, geraden Striche zurückgelassen haben. Es sind Heliumatome, die von einem radioaktiven Stoff mit großer Geschwindigkeit ausgesandt sind.

Ich würde mich wundern, wenn bei Ihnen nicht ein leiser Verdacht aufstiege, daß bei dieser Aufnahme irgendein Schwindel sein müsse. Sind es wirklich die einzelnen Atome, die darauf zu sehen sind — diese unendlich kleinen Teilchen, die noch vor wenigen Jahren eine theoretische Annahme, weit außerhalb jeder praktischen Erfaßbarkeit zu sein schienen? Ich werde diese Frage beantworten, indem ich Ihnen eine stelle. Sie sehen einen schmutzigen Fleck auf dem Bild. Ist das ein Daumen? Wenn Sie ja sagen, versichere ich Ihnen ohne Zögern, daß diese Striche einzelne Atome sind. Aber wenn Sie überkritisch sind und sagen: „Nein, das ist kein Daumen, sondern das ist ein Abdruck, der zeigt, daß ein Daumen dort gewesen ist", dann muß ich ebenso vorsichtig sein und sagen, daß der Strich eine Spur ist, die zeigt, wo ein Atom gewesen ist. Die Aufnahme ist nicht das Bild eines Atoms, sondern das Bild der Spur eines Atoms, genau

---

[1] Ich verdanke Abb. 3—6 Professor C. T. R. WILSON.

wie es nicht das Bild eines Daumens ist, sondern das Bild der Spur eines Daumens. Ich sehe nicht ein, daß es wirklich etwas ausmacht, daß das Bild aus zweiter und nicht aus erster Hand ist. Ich denke, wir haben uns nicht mehr des Betrugs schuldig gemacht, wie der Kriminalist, der Pulver auf einen Fingerabdruck streut, um ihn sichtbar zu machen, oder ein Biologe, der seine Präparate zum selben Zweck

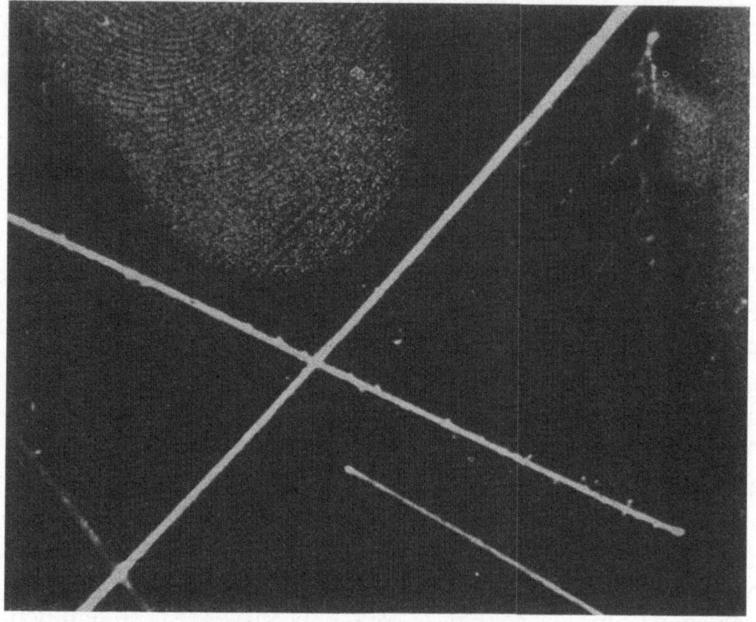

Abb. 3. Bahnen von α-Teilchen (Heliumatome).

färbt. Das Atom läßt bei seinem Durchgang etwas zurück, was man die „Witterung" längs seiner Spur nennen könnte; und wir verdanken Prof. C. T. R. WILSON einen überaus scharfsinnigen Kunstgriff, die Witterung sichtbar zu machen. Prof. WILSONS „Meute" besteht aus Wasserdampf, der sich um die Spur sammelt und dort zu kleinen Tropfen kondensiert.

Sie werden danach die Photographie eines Elektrons zu sehen wünschen. Auch das läßt sich bewerkstelligen. Die geschwungene Spur in Abb. 3 ist ein Elektron. Seiner kleinen Masse entsprechend läßt sich das Elektron leichter aus seiner Bahn ablenken als das schwere Atom, das sich stiernackig durch alle Widerstände hindurchstürzt. Abb. 4 zeigt zahlreiche Elektronen, und sie enthält eins von sehr hoher Geschwindigkeit, das daher imstande war, eine gerade Bahn zu beschreiben. Nebenbei zeigt es den Kunstgriff, den man anwendet, um die Spuren sichtbar zu machen, denn man kann die kleinen Wassertropfen einzeln sehen.

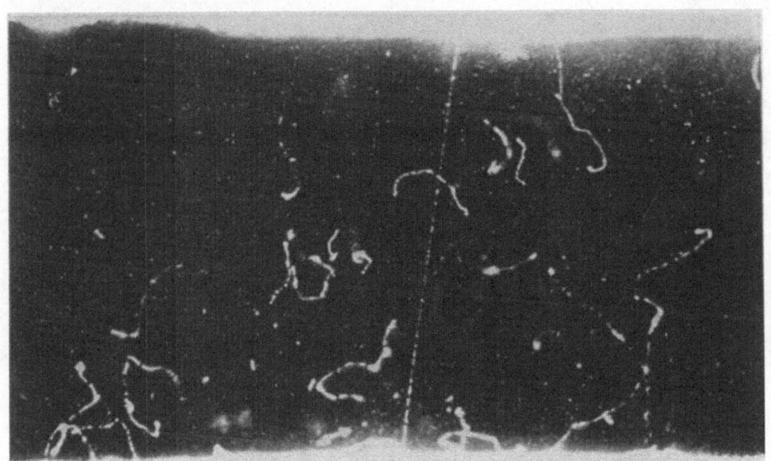

Abb. 4. Bahnen von β-Teilchen (Elektronen).

Wir haben Photographien von Atomen und freien Elektronen gesehen. Jetzt brauchen wir zur Vervollständigung der Sternbevölkerung noch eine Photographie von Röntgenstrahlen. Das läßt sich nicht ganz erreichen, aber nahezu. Aufnahmen *mit Hilfe* von Röntgenstrahlen sind ganz alltäglich; aber eine Aufnahme *von* Röntgenstrahlen ist etwas anderes. Ich habe schon erwähnt, daß Elektronen von Atomen abgespalten werden können, wenn Röntgenstrahlen mit ihnen zusammenstoßen. Dabei wird das freie Elektron gewöhnlich mit so hoher Geschwindigkeit fortgeschleudert, daß es zu einem der schnellen Elektronen wird, die man photographieren kann. In Abb. 5 sieht man vier Elektronen, die auf diese Weise fortgeschleudert sind. Man bemerkt, daß sie alle von Punkten derselben Linie ausgehen, und es bedarf keiner großen Phantasie, um sich eine geheimnisvolle Macht vorzustellen, die diese Linie entlang läuft und die Elektronen fortschleudert. Diese Macht sind Röntgenstrahlen, die, als das Bild aufgenommen wurde, in einem schmalen Strahl diese Linie entlang (von rechts nach links) geschickt wurden. Obgleich die Röntgenstrahlen der Phantasie überlassen

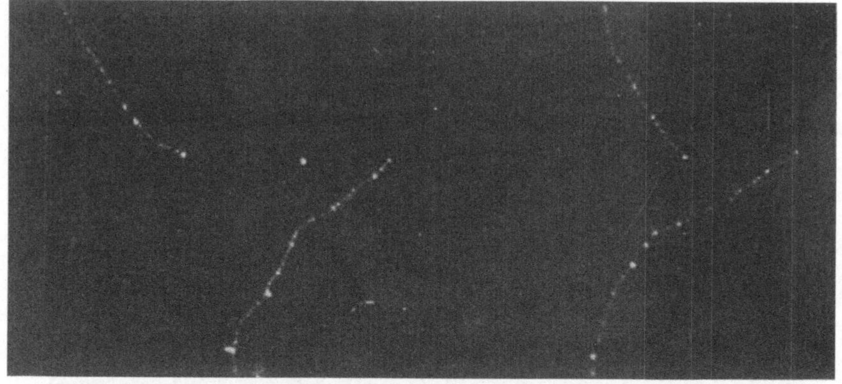

Abb. 5. Ionisation durch Röntgenstrahlen.

bleiben, zeigt die Photographie auf jeden Fall den Vorgang der Ionisation, der im Innern der Sterne so wichtig ist: die Befreiung der Elektronen von ihren Atomen unter der Einwirkung von Röntgenstrahlen. Man sieht, daß es ein Zufall ist, ob der Röntgenstrahl ein Atom ionisiert, wenn er es trifft. Dort liegen Trillionen Atome herum (die unser Bild nicht zeigt); aber trotzdem laufen die Röntgenstrahlen eine lange Strecke, bis sie das Atom treffen, auf das sie einwirken wollen.

Zum Schluß kann ich Ihnen einen andern Weg zur Ionisation der Atome zeigen, indem man sie auf mehr mechanische Art zerschlägt — in diesem Fall durch Zusammenstoß mit einem schnellen Elektron. In Abb. 6 wanderte ein schnelles Elektron fast wagerecht, aber die kleinen Wassertropfen, die seinen Weg bezeichnen sollten, liegen so weit auseinander, daß man den Zusammenhang zuerst gar nicht bemerkt. Man beachte, daß die Tropfen paarweise vorkommen. Dies liegt daran, daß das schnelle Elektron auf seinem Weg einige Atome zerschlug und von jedem ein Elektron abspaltete. Man sieht in Abständen längs der Spur zu beiden Seiten ein beschädigtes Atom und ein freies Elektron nebeneinander liegen, aber man kann nicht sagen, welches das eine oder das andere ist. Gelegentlich war das ursprüngliche schnelle Elektron zu kräftig, und dort ist nur ein undeutlicher Fleck; aber gewöhnlich kann man deutlich die

Abb. 6. Durch Zusammenstoß mit einem β-Teilchen erzeugte Ionen.

beiden Überreste erkennen, die aus der Zerstörung hervorgingen[1].

Ein Spötter könnte einwenden, über das Innere eines Sterns könnte man gefahrlos reden, denn niemand könnte dorthin kommen und das Gegenteil beweisen. Ich würde dagegen geltend machen, daß ich zum mindesten nicht die Schrankenlosigkeit des Vorstellungsvermögens mißbrauche; ich bitte Sie nur, im Innern eines Sterns ganz alltägliche Gegenstände und Vorgänge zuzulassen, die photographiert werden können. Vielleicht werden Sie nun den Spieß umdrehen und sagen: „Mit welchem Recht nehmen Sie an, daß

---

[1] Was die Teilchen bei diesen Aufnahmen sichtbar werden läßt, ist ursprünglich die elektrische Ladung und nicht die hohe Geschwindigkeit. Aber ein Teilchen mit hoher Geschwindigkeit läßt einen Schwanz von elektrisch geladenen Teilchen hinter sich — die Opfer ihrer rasenden Fahrt —, so daß es indirekt durch die Linie seiner Opfer bezeichnet wird.

die Natur eben so arm an Erfindungsgabe ist wie Sie? Vielleicht hat sie im Innern des Sterns etwas Neues verborgen, das alle Ihre Vorstellungen umwirft." Aber ich bin der Meinung, daß die Wissenschaft niemals große Fortschritte gemacht haben würde, wenn sie hinter jeder Ecke stets unbekannte Hindernisse vermutet hätte. Zum mindesten können wir behutsam um die Ecke gucken, und vielleicht finden wir dort überhaupt nichts so Furchtbares. Beim Eindringen ins Innere ist unsere Aufgabe nicht nur, eine phantastische Welt zu bewundern mit Verhältnissen, die jenseits aller gewöhnlichen Erfahrung liegen; es gilt, in den inneren Mechanismus einzudringen, der die Sterne sich so verhalten läßt, wie sie es tun. Wenn wir die Erscheinungen an der Oberfläche verstehen wollen, wenn wir verstehen wollen, warum „ein Stern den andern an Klarheit übertrifft", müssen wir in die Tiefe eindringen — in den *Maschinenraum* — um die Quelle des Wärme- und Energiestroms aufzuspüren, der durch die Oberfläche nach außen dringt. Zum Schluß wird unsere Theorie uns dann zur Oberfläche zurückführen, und wir werden durch Vergleich mit der Beobachtung feststellen können, ob wir sehr daneben gehauen haben. Inzwischen liegt kein Grund vor, im Innern eines Sterns irgendwelche Erscheinungen zu erwarten, die in ihrer Art von den uns aus der Erfahrung im Laboratorium vertrauten Erscheinungen verschieden sind.

Die Röntgenstrahlen in einem Stern sind dieselben wie die Röntgenstrahlen, die man in einem Laboratorium untersucht. Wir können Röntgenstrahlen herstellen wie die auf den Sternen, aber nicht im entferntesten in derselben Fülle. Die Photographie (Abb. 5) zeigt ein im Laboratorium erzeugtes Bündel von Röntgenstrahlen, das vier Elektronen von verschiedenen Atomen abgespalten hat; sie würden im Augenblick wieder eingefangen sein. Im Stern müssen Sie sich die Intensität viele Millionen mal so stark vorstellen, so daß die Elektronen ebenso schnell wieder abgespalten werden, als sie sich anlagern, und die Atome meist ganz beraubt bleiben. Die annähernd vollständige Verstümmlung der Atome ist für die Erforschung der Sterne namentlich aus zwei Gründen wichtig.

Der erste ist dieser: Bevor ein Architekt eine Meinung über die Pläne eines Gebäudes äußert, wird er zu wissen wünschen, ob das in den Plänen angegebene Material Holz oder Stahl oder Zinn oder Papier ist. Ebenso scheint es wichtig zu wissen, ob der Stern aus schwerem Stoff wie Blei oder leichtem Stoff wie Kohlenstoff besteht, ehe man Einzelheiten über sein Inneres ausarbeitet. Mit Hilfe des Spektroskops können wir die chemische Zusammensetzung der Sonnenatmosphäre zum großen Teil feststellen; aber es würde nicht zulässig sein, dies auch auf die Zusammensetzung der Sonne als Ganzen zu übertragen. Es würde sehr bedenklich sein, eine Vermutung über die tief im Innern vorherrschenden Elemente anzustellen. So scheinen wir uns festgefahren zu haben. Aber jetzt stellt sich heraus, daß die Atome, wenn sie ihre sämtlichen Elektronen verloren haben, sich alle nahezu gleich verhalten — auf jeden Fall in denjenigen Eigenschaften, mit denen wir es in der Astronomie zu tun haben. Die hohe Temperatur — die wir zuerst zu fürchten geneigt waren — hat die Verhältnisse für uns vereinfacht, weil sie die Verschiedenheiten der verschiedenen Arten des Stoffs weitgehend beseitigt hat. Der Aufbau eines Sterns ist ein ungewöhnlich einfaches physikalisches Problem; erst bei tiefen Temperaturen, wie wir sie auf der Erde haben, beginnt die Materie verwirrende und verwickelte Eigenschaften zu zeigen. Atome auf Sternen sind nackte Wilde, die von den Klassenunterschieden unserer voll bekleideten irdischen Atome nichts ahnen. Wir brauchen uns daher um die chemische Zusammensetzung im Innern gar nicht zu kümmern. Man muß nur einen einzigen Vorbehalt machen, den nämlich, daß es dort keinen unverhältnismäßig großen Anteil an Wasserstoff gibt. Wasserstoff hat seine eigene Verhaltensweise; aber es macht sehr wenig aus, welches von den andern 91 Elementen vorherrscht.

Über den zweiten Punkt habe ich später mehr zu sagen. Wir müssen nämlich beachten, daß die Atome auf den Sternen verstümmelte Reste der großen Atome mit ausgedehntem Elektronensystem sind, wie wir sie auf der Erde kennen, und daß darum das Verhalten der Gase auf den Sternen und auf der Erde in den Eigenschaften, die von der Größe der Atome abhängen, keineswegs gleich ist.

Um den Einfluß der chemischen Zusammensetzung eines Sterns deutlich zu machen, kehren wir zu dem Problem zurück, auf welche Weise die oberen Schichten durch das darunter befindliche Gas getragen werden. Bei einer gegebenen Temperatur trägt jedes unabhängige Teilchen, ohne Rücksicht auf seine Masse und chemische Beschaffenheit, den gleichen Anteil zur Unterstützung bei; die leichteren Atome gleichen ihre geringere Masse durch größere Geschwindigkeit aus. Dies ist ein bekanntes Gesetz, das ursprünglich in der Experimentalchemie gefunden wurde, aber jetzt durch die kinetische Theorie von Maxwell und Boltzmann erklärt ist. Angenommen, wir hätten zunächst vorausgesetzt, daß die Sonne ganz aus Silberatomen besteht, und unsere Temperaturberechnung dementsprechend durchgeführt; später ändern wir unsern Sinn und setzen statt dessen ein leichteres Element ein, etwa Aluminium. Ein Silberatom wiegt gerade viermal so viel wie ein Aluminiumatom; darum müssen wir jedes Silberatom durch vier Aluminiumatome ersetzen, wenn die Masse der Sonne unverändert bleiben soll. Aber dann wird die tragende Kraft überall vervierfacht, und alle Masse würde dadurch nach außen gehoben, wenn wir alles übrige unverändert ließen. Um das Gleichgewicht zu erhalten, muß die Bewegungsenergie jedes Teilchens auf ein Viertel vermindert werden; das bedeutet, daß wir in der ganzen Aluminiumsonne Temperaturen annehmen müssen, die ein Viertel von denen in der Silbersonne betragen. So macht für unzerstörte Atome ein Wechsel in der angenommenen chemischen Zusammensetzung einen großen Unterschied in unserm Schluß auf die innere Temperatur.

Aber wenn Elektronen vom Atom abgespalten werden, werden diese ebenfalls unabhängige Teilchen, die zur Unterstützung der oberen Schichten beitragen. Ein freies Elektron trägt ebenso viel wie ein Atom; es hat zwar eine viel kleinere Masse, aber es bewegt sich gegen hundertmal so schnell. Die Zerstörung eines Silberatoms liefert 47 freie Elektronen, das macht mit dem übrigbleibenden Atomkern im ganzen 48 Teilchen. Das Aluminiumatom gibt 13 Elektronen oder 14 Teilchen im ganzen. Der Unterschied zwischen zerstörtem Silber und der gleichen Masse von zerstörtem Aluminium macht nur den Unterschied von 48 zu 56 Teilchen und erfordert eine Erniedrigung der Temperatur um 14%. Diese Unsicherheit können wir bei unserer Schätzung der inneren Temperatur[1] zulassen, es ist eine große Verbesserung gegenüber der entsprechenden Rechnung für unbeschädigte Atome, die um den Faktor 4 unsicher war.

Die Ionisation verringert nicht nur die Unterschiede bei verschiedenartiger chemischer Zusammensetzung, sie erniedrigt auch durch die Vermehrung der Zahl der tragenden Teilchen die berechnete Temperatur beträchtlich. Man denkt zuweilen, daß man dem Innern der Sterne die außerordentlich hohe Temperatur aus modernem Sensationsdrang zuschreibt. Das ist nicht richtig. Die früheren Forscher, die sowohl Ionisation als auch Strahlungsdruck vernachlässigten, setzten viel höhere Temperaturen an, als man jetzt annimmt.

Strahlungsdruck und Masse.

Die Sterne unterscheiden sich voneinander durch ihre Masse, d. h. durch die Menge Material, die zu ihrer Bildung

---

[1] Wenn man für Silber noch andere Elemente einsetzt, so macht das in der Regel keinen größeren Unterschied, und durch die Mischung von vielen Elementen werden die Verschiedenheiten wahrscheinlich noch verringert. Mit Ausnahme des Wasserstoffs ist die größtmögliche Veränderung von 48 Teilchen für Silber zu 87 Teilchen für die gleiche Masse Helium. Aber für Wasserstoff ist der Unterschied zwischen 48 und 216, sodaß Wasserstoff von anderen Elementen wesentlich verschiedene Ergebnisse liefert.

angehäuft ist; aber die Unterschiede sind nicht so groß, wie man nach der großen Verschiedenheit ihrer Helligkeit annehmen könnte. Wir können nicht immer die Masse eines Sterns bestimmen, aber es gibt eine ansehnliche Zahl von Sternen, deren Masse durch astronomische Messungen bestimmt ist. Die Masse der Sonne beträgt — ich will es an die Tafel schreiben —

$$2000000000000000000000000000 \text{ Tonnen.}$$

Ich hoffe, mich bei den Nullen nicht verzählt zu haben, obgleich Sie vermutlich nicht sehr darauf achten würden, wenn da eine oder zwei zu viel oder zu wenig wären. Aber die Natur achtet darauf. Wenn sie die Sterne entstehen läßt, legt sie offensichtlich großen Wert darauf, daß die Zahl der Nullen richtig wird. Sie will, daß ein Stern aus einer ganz bestimmten Menge Materie bestehen soll. Natürlich läßt sie zu, was die Münzbeamten als Remedium (d. h. als zulässige Abweichung) bezeichnen würden. Sie läßt einen Stern mit einer Null zu viel eben noch durchgehen und gibt uns einen ungewöhnlich großen Stern, oder mit einer Null zu wenig und gibt uns einen ganz kleinen Stern. Aber diese Abweichungen sind selten, und ein Irrtum um zwei Nullen ist fast unerhört. Gewöhnlich hält sie sich viel enger an ihre Norm.

Wie bringt die Natur es fertig, die Nullen richtig zu zählen? Offenbar muß es im Innern des Sterns selbst irgend etwas geben, was aufpaßt und sozusagen Einspruch erhebt, sobald die richtige Menge Material angesammelt ist. Wir glauben zu wissen, wie dies geschieht. Sie erinnern sich der Ätherwellen innerhalb des Sterns. Diese versuchen, nach außen zu entweichen, und üben einen Druck auf die Materie aus, die sie wie in einem Käfig einsperrt. Wenn diese nach außen gerichtete Kraft so stark ist, daß sie den Vergleich mit anderen Kräften aushalten kann, muß sie bei jeder Untersuchung des Gleichgewichts oder der Stabilität der Sterne berücksichtigt werden. Nun ist diese Kraft in allen kleinen Kugeln ganz unbedeutend; aber ihr Einfluß wächst mit der Masse der Kugel, und man hat berechnet, daß sie gerade bei der oben genannten Masse ebenso groß wird wie die andern Kräfte, die das Gleichgewicht im Stern beherrschen. Wenn wir die Sterne nie gesehen hätten und einfach über das merkwürdige Problem nachdenken würden, eine wie große Kugel von Materie zusammenhalten kann, könnten wir ausrechnen, daß dies bis zu zweitausend Quadrillionen Tonnen keine Schwierigkeiten machen würde; aber jenseits davon sind die Verhältnisse ganz anders, und diese neue Kraft beginnt, Einfluß auf den Zustand zu gewinnen. Hier, fürchte ich, hören genaue Rechnungen auf, und niemand hat bisher ausrechnen können, was die neue Kraft mit dem Stern anfängt, wenn sie Einfluß gewinnt. Aber es kann kaum ein Zufall sein, daß die Sterne alle so nahe dieser kritischen Masse liegen, und so wage ich den Schluß der Geschichte zu mutmaßen: Die neue Kraft verhindert zwar nicht größere Massen, aber sie macht sie gefährlich. Eine geringe Rotation um die Achse würde genügen, um den Stern zu zerstören. Infolgedessen bleiben größere Massen nur selten bestehen; denn der größte Teil der Sterne gelangt nicht über die Masse hinaus, wo die neue Kraft zuerst ernsthaft bedrohlich wird. Die Gravitationskraft sammelt nebelhafte und chaotische Massen, die Kraft des Strahlungsdrucks zerteilt sie in Stücke von passender Größe.

Dieser Strahlungsdruck ist manchem besser unter dem Namen „Lichtdruck" bekannt. Der Ausdruck „Strahlung" umfaßt alle Arten von Ätherwellen mit Einschluß des Lichts; die Bedeutung ist also dieselbe. Es wurde zuerst theoretisch gezeigt und dann durch die Erfahrung bestätigt, daß das Licht auf jeden Gegenstand, auf den es fällt, einen winzigen Druck ausübt. Theoretisch würde es möglich sein, einen Menschen zu erschlagen, indem man einen Scheinwerfer auf ihn richtet — der Scheinwerfer muß nur ungewöhnlich stark sein, und wahrscheinlich wäre der Mensch vorher verdampft. Der Lichtdruck spielt wahrscheinlich bei vielen Himmelserscheinungen eine große Rolle. So lag es gleich zu Anfang nahe, daß die kleinen Teilchen, die den Schweif eines Kometen bilden, durch den Druck des Sonnenlichts nach außen gedrängt würden. Dies steht in Einklang mit der Tatsache, daß der Kometenschweif stets von der Sonne weg zeigt. Aber diese besondere Anwendung muß als zweifelhaft angesehen werden. Im Innern des Sterns aber ist der gewaltige Strom von Licht (oder Röntgenstrahlen) wie ein Wind, der nach außen weht und den Stern aufbläst.

Das Innere eines Sterns.

Wir können uns jetzt ein gewisses Bild vom Innern eines Sterns machen: ein Durcheinander von Atomen, Elektronen und Ätherwellen. Schwer beschädigte Atome rasen umher mit einer Geschwindigkeit von über 100 km in der Sekunde, ihr normales Elektronenkleid ist ihnen in dem Getümmel abgerissen worden. Die verlorenen Elektronen eilen 100mal schneller, um einen neuen Ruheplatz zu finden. Wir wollen den Weg eines von ihnen verfolgen. Da kommt es beinah zu einem Zusammenstoß, wenn ein Elektron sich einem Atomkern nähert, aber mit erhöhter Geschwindigkeit fliegt es in scharfer Kurve vorbei. Manchmal macht das Elektron einen Seitensprung auf seiner Bahn, aber dann fliegt es weiter mit vermehrter oder verminderter Energie. Nachdem es gegen tausendmal mit knapper Not entkommen ist — alles in einer tausendmillionstel Sekunde —, endet der rasende Lauf durch einen größeren Seitensprung als gewöhnlich. Das Elektron ist richtig eingefangen und mit einem Atom verbunden. Aber kaum hat es seinen Platz eingenommen, da stürzt ein Röntgenstrahl auf das Atom. Das Elektron saugt die Energie des Strahls auf und fliegt wieder davon zu neuen Abenteuern.

Ich fürchte, diese Boxkämpfe in der modernen Physik passen schlecht zu unsern ästhetischen Idealen. Das stolze Schauspiel der Sternentwicklung erweist sich bei näherer Betrachtung eher als eine abenteuerliche Flucht im Film, wo der Held mit knapper Not entrinnt. Die Sphärenmusik wirkt fast wie Jazz.

Und was kommt bei diesem Wirrwarr heraus? Sehr wenig. Bei all ihrer Eile kommen die Atome und Elektronen nicht von der Stelle; sie tauschen nur ihre Plätze. Von der ganzen Bevölkerung bringen allein die Ätherwellen etwas Bleibendes zustande. Obgleich sie scheinbar ohne Unterschied nach allen Richtungen durcheinanderfliegen, dringen sie doch im Mittel langsam nach außen. Atome und Elektronen kommen nicht nach außen, daran hindert sie die Gravitation. Aber die eingesperrten Ätherwellen dringen langsam nach außen, wie durch ein Sieb. Eine Ätherwelle eilt von einem Atom zum andern, vorwärts, rückwärts, bald wird sie absorbiert, bald in neuer Richtung wieder fortgeschleudert, dabei verliert sie ihre Identität, lebt aber weiter in ihrer Nachfolgerin. Bei einigem Glück wird sie sich in nicht allzu langer Zeit (zehntausend bis zehn Millionen Jahre, je nach der Masse des Sterns) in der Nähe der Oberfläche befinden. Sie wandelt sich bei der tieferen Temperatur vom Röntgenstrahl zum Lichtstrahl, indem sie bei jeder Wiedergeburt ein wenig verändert wird. Zuletzt ist sie so nahe an der Oberfläche, daß sie nach außen entkommen und in Frieden einige hundert Jahre vorwärts wandern kann. Vielleicht gelangt sie zuletzt auf eine entfernte Welt, wo gerade ein Astronom auf der Lauer liegt, um sie mit seinem Fernrohr einzufangen und nach den Geheimnissen ihres Geburtsorts auszuforschen.

Dieses Nach-außen-Dringen der Wellen wünschen wir vor allem zu bestimmen; und nur deswegen untersuchen wir geduldig, was in dem verwirrenden Gedränge vor sich geht. Oder etwas anders ausgedrückt: Die Wellen werden durch das Temperaturgefälle im Stern nach außen gedrängt, aber sie werden durch ihre Abenteuer mit den Atomen und Elektronen aufgehalten und zurückgeworfen. Es ist die Aufgabe der Mathematik, mit Hilfe der Gesetze und Theorien, die bei der Untersuchung derselben Vorgänge im Laboratorium entwickelt worden sind, beide Faktoren zu berechnen — den Faktor, der nach außen drängt, und den, der dabei aufhält —, und daraus die Stärke der nach außen dringenden Strahlung zu bestimmen. Dieser berechnete Wert muß natürlich mit den astronomischen Messungen der Wärme- und Lichtenergie, die

aus dem Stern quillt, übereinstimmen. So kommen wir endlich zu einer Bestätigung der Theorien durch die Beobachtung.

Die Undurchsichtigkeit der Sternmaterie.

Wir wollen jetzt den Faktor betrachten, der die Ätherwellen
aufhält, wenn sie nach außen entweichen wollen, der sie bei
ihrer Begegnung mit Atomen und Elektronen zurückwirft.
Wenn wir es mit Lichtwellen zu tun hätten, würden wir diese
Behinderung bei ihrem Durchgang „Undurchsichtigkeit" nennen. Zur Bequemlichkeit wollen wir denselben Ausdruck
bei der Behinderung von Röntgenstrahlen beibehalten.

Wir stellen sofort fest, daß die Materie des Sterns sehr
undurchsichtig sein muß. Die Stärke der Strahlung im Innern ist so groß, daß ohne eine sehr starke Behinderung
ein viel größerer Anteil nach außen entweichen müßte, als
wir an den Sternen beobachten. Ein Beispiel soll den typischen
Grad von Undurchsichtigkeit erläutern, der notwendig ist,
um Übereinstimmung mit der beobachteten Ausstrahlung
zu geben. Wir wollen in die Capella eindringen und dort eine
Gegend aufsuchen, wo die Dichte ebenso groß ist wie in der
Atmosphäre um uns[1]; eine nur 5 cm starke Platte aus diesem
Stoff würde einen so undurchsichtigen Schirm bilden, daß nur
ein Drittel der auf der einen Seite einfallenden Ätherwellen
bis zur anderen Seite hindurchdringen würde, der Rest würde
im Schirm absorbiert werden. Ein halber Meter von diesem
Stoff würde praktisch vollkommen undurchsichtig sein.
Wenn wir an Lichtwellen denken, so erscheint die Undurchsichtigkeit für einen so dünnen Stoff wie Luft erstaunlich;
aber wir müssen bedenken, daß es sich um Undurchlässigkeit
für Röntgenstrahlen handelt, und der experimentelle Physiker kennt sehr gut die Schwierigkeit, weichere Arten von
Röntgenstrahlen durch nur wenige Millimeter Luft hindurchgehen zu lassen.

Zwischen der Durchlässigkeit im Innern des Sterns, wie
sie durch astronomische Strahlungsmessung bestimmt ist,

---

[1] Die mittlere Dichte der Capella ist fast dieselbe wie die der Luft.

und der Durchlässigkeit irdischer Stoffe für Röntgenstrahlen mehr oder minder derselben Wellenlänge besteht in der allgemeinen Größenordnung befriedigende Übereinstimmung. Dies gibt uns einige Gewißheit, daß unsere Theorie auf dem richtigen Wege ist. Aber ein sorgfältiger Vergleich zeigt uns, daß zwischen der Durchlässigkeit in den Sternen und auf der Erde ein wichtiger Unterschied besteht.

Im Laboratorium finden wir, daß die Durchsichtigkeit sehr stark mit wachsender Wellenlänge der verwandten Röntgenstrahlen abnimmt. In den Sternen finden wir nichts von dem gleichen Unterschied, obgleich die Röntgenstrahlen in den kälteren Sternen beträchtlich langwelliger sein müssen als die in wärmeren Sternen. Außerdem finden wir, wenn wir den Vergleich bei derselben Wellenlänge anstellen, daß die Durchlässigkeit auf Sternen größer ist als auf der Erde. Wir müssen diesen Unterschied weiter verfolgen.

Ein Atom kann Ätherwellen auf mehr als eine Art aufhalten, aber es scheint kein Zweifel daran zu bestehen, daß für Röntgenstrahlen, in Sternen und im Laboratorium, der größte Teil der Undurchsichtigkeit von der Ionisation abhängt. Die Ätherwelle fällt auf ein Atom, und ihre Energie wird von einem der Planetelektronen aufgesogen, das damit dem Atom entflieht und mit großer Geschwindigkeit fortfliegt. Der entscheidende Punkt ist der, daß bei jedem Absorptionsvorgang der absorbierende Mechanismus zerstört wird und nicht wieder benutzt werden kann, bis er wiederhergestellt ist. Dazu muß das Atom eines der frei herumfliegenden Elektronen einfangen und zwingen, die Stelle des verlorenen Elektrons einzunehmen.

Im Laboratorium können wir nur schwache Ströme von Röntgenstrahlen erzeugen, so daß jede Wellenfalle nur gelegentlich in Tätigkeit tritt. Sie hat reichlich Zeit zu ihrer Wiederherstellung, bis sie das nächste Mal Aussicht hat, etwas zu fangen; und praktisch wird die Wirksamkeit durch die in Unordnung geratenen Fallen nicht vermindert. Aber in den Sternen ist der Strom von Röntgenstrahlen ungemein stark. Er ist wie ein Heer von Mäusen, das durch eine Speisekammer zieht und in die Fallen so schnell hineingeht, wie man sie setzen kann. Hier geht die Zeit beim erneuten Stellen der Fallen — beim Einfangen von Elektronen — verloren, und der Ertrag des Fangs hängt fast allein von der Schnelligkeit des Fallenstellens ab.

Wir haben gesehen, daß die Atome auf den Sternen die meisten Elektronen verloren haben; das bedeutet, daß in jedem Augenblick ein großer Teil der absorbierenden Fallen auf die Reparatur wartet. Aus diesem Grund finden wir auf den Sternen eine größere Durchlässigkeit als bei irdischen Stoffen. Die Erhöhung der Durchlässigkeit ist einfach die Folge der zu starken Beanspruchung der Absorptionsmechanismen — sie sind einer zu großen Strahlung ausgesetzt. Wir können auch den Grund einsehen, warum die Gesetze der Durchlässigkeit auf Sternen und auf der Erde verschieden sind. Die für die Reparatur notwendige Zeit, von der die Undurchsichtigkeit der Sterne vor allem abhängt, ist durch das Zusammenpressen der Materie verkürzt worden, weil jetzt das Atom nicht so lange zu warten braucht, bis es ein freies Elektron trifft und einfängt. Infolgedessen nimmt die Durchsichtigkeit der Sterne mit wachsender Dichte ab. Unter irdischen Verhältnissen bedeutet die Beschleunigung der Wiederherstellung keinen Vorteil, weil sie auf jeden Fall in genügender Zeit beendigt ist; so ist die Durchsichtigkeit auf der Erde unabhängig von der Dichte.

Die Theorie der Durchsichtigkeit der Sterne führt also in der Hauptsache auf die Theorie des Elektronenfangs durch ionisierte Atome; nicht daß dieser Vorgang mit einer Absorption von Röntgenstrahlen verbunden wäre — er ist in Wirklichkeit mit einer Emission verbunden —, aber er ist die notwendige Voraussetzung für die Absorption. Die physikalische Theorie des Elektronenfangs ist noch nicht ganz endgültig; aber sie ist hinreichend weit ausgebildet, um von ihr bei unserer Berechnung des Faktors Gebrauch machen zu können, der die Strahlung auf den Sternen beim Entweichen aufhält.

Die Beziehung zwischen Helligkeit und Masse.

Wir wollen fürs erste kein zu schwieriges Problem in Angriff nehmen, und darum wollen wir uns mit Sternen aus idealem Gas beschäftigen. Wenn Sie den Fachausdruck „ideales Gas" nicht leiden mögen, können Sie einfach „Gas" sagen; denn alle irdischen Gase, an die man gewöhnlich denkt, zeigen keine merkliche Abweichung vom idealen Verhalten. Sie tritt bei irdischen Gasen nur unter hohem Druck ein. Ich

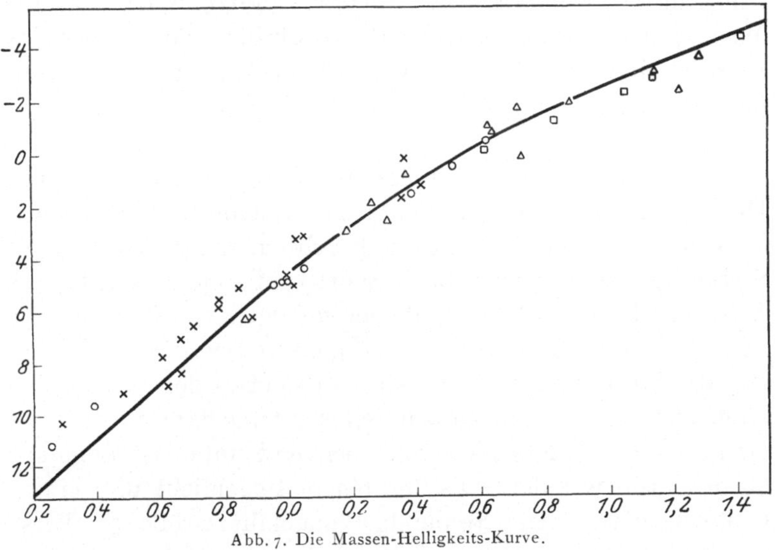

Abb. 7. Die Massen-Helligkeits-Kurve.

muß erwähnen, daß es sehr viele Beispiele für gasförmige[1] Sterne gibt. In vielen Sternen ist die Materie so weit zerstreut, daß sie dünner ist als die Luft um uns; wenn Sie z. B. im Innern der Capella wären, würden Sie von der Materie der Capella nicht mehr merken als von der Luft in diesem Raum.

Für gasförmige Sterne gibt dann die nähere Untersuchung Formeln, durch die man bei gegebener Masse ausrechnen kann, wieviel Wärme- und Lichtenergie aus einem Stern nach außen dringt — kurz, wie hell er ist. In Abb. 7 ist

---

[1] Gasförmig ohne besonderen Zusatz bedeutet aus *idealem* Gas bestehend.

eine Kurve gezeichnet, die die theoretische Beziehung zwischen der Helligkeit und der Masse eines Sterns angibt. Genau genommen gibt es neben der Masse noch einen Faktor, der die berechnete Helligkeit beeinflußt; man kann zwei Sterne von der gleichen Masse haben, den einen dicht und den andern ganz verdünnt; sie werden dann nicht ganz die gleiche Helligkeit haben. Aber es stellt sich (ziemlich unerwartet) heraus, daß dieser andere Faktor, die Dichte, auf die Helligkeit sehr wenig Einfluß hat — vorausgesetzt immer, daß die Materie nicht so dicht wird, daß sie aufhört, ein ideales Gas zu sein. Ich möchte darum in dieser kurzen Zusammenfassung nichts mehr über die Dichte sagen.

Noch einige Einzelheiten über den Maßstab der Zeichnung: Die Helligkeit ist in „Größen", einer ziemlich willkürlichen Einheit, gemessen. Dabei ist zu beachten, daß die Größen der Sterne wie die Vorgaben beim Sport sind — je schlechter die Leistung, desto größer die Zahl der vorgegebenen Punkte. Die Zeichnung umfaßt praktisch den ganzen Bereich der Helligkeit der Sterne; ganz oben stellt —4 so etwa den hellsten bekannten Stern dar, und ganz unten ist 12 ungefähr die unterste Grenze. Der Unterschied von oben und unten ist ungefähr ebenso groß wie der zwischen einem Bogenlicht und einem Glühwürmchen. Die Sonne hat ungefähr Größe 5. Diese Größen beziehen sich natürlich auf die wahre Helligkeit, nicht auf die durch die Entfernung beeinflußte scheinbare Helligkeit, außerdem ist hier die „Wärmehelligkeit" oder Wärmeintensität dargestellt, die manchmal von der Lichtintensität etwas abweicht. Es gibt astronomische Instrumente, die unmittelbar die vom Stern empfangene Wärme an Stelle des Lichts messen. Diese sind ganz brauchbar, aber wegen der großen Wärmeabsorption in der Erdatmosphäre sind mühsame Korrektionen nötig, und es ist meist leichter und genauer, die Wärmehelligkeit unter Berücksichtigung der Farbe des Sterns aus der Lichthelligkeit zu berechnen. Der wagerechte Maßstab bezieht sich auf die Masse, ist aber nach dem

Logarithmus der Masse eingeteilt. Auf der äußersten Linken ist die Masse etwa ein Sechstel der Sonne, auf der äußersten Rechten etwa das 30fache der Sonne; es gibt sehr wenig Sterne, deren Massen außerhalb dieser Grenzen liegen. Die Masse der Sonne entspricht dem mit 0,0 bezeichneten Teilstrich.

Nachdem wir unsere theoretische Kurve erhalten haben, ist unsere erste Aufgabe, sie durch Beobachtungen zu bestätigen. Dazu nehmen wir möglichst viel Sterne, von denen sowohl die Masse als auch die absolute Helligkeit gemessen ist. Wir zeichnen die entsprechenden Punkte (bei dem zugehörigen Teilstrich der wagerechten und senkrechten Skala) ein und sehen, ob sie auf die Kurve fallen, wie sie es müßten, wenn die Theorie richtig ist. Es gibt nicht viele Sterne, deren Masse mit großer Genauigkeit bestimmt ist. Alles, was einigermaßen zuverlässig ist, ist in Abb. 7 enthalten. Die Kreise, Kreuze, Quadrate und Dreiecke beziehen sich auf verschiedene Arten der Angaben; einige sind gut, andere schlecht, andere sehr schlecht.

Die Kreise sind die zuverlässigsten. Wir wollen sie von links nach rechts durchgehen. Zuerst kommt die helle Komponente der Capella, sie liegt sehr schön auf der Kurve — aus einem sehr einfachen Grunde; denn ich habe die Kurve durch sie gelegt. Es gab nämlich eine einzige numerische Konstante, die sich bei dem gegenwärtigen Stand unserer Kenntnis von den Atomen, Ätherwellen usw. nicht genügend zuverlässig durch reine Theorie bestimmen ließ. So war die erhaltene Kurve nach der einen Richtung hin frei und ließ sich noch nach oben oder unten verschieben. Sie wurde dadurch festgelegt, daß man sie durch die hellere Komponente der Capella gehen ließ, die für diesen Zweck der zuverlässigste Stern zu sein schien. Danach war keine weitere Veränderung der Kurve mehr möglich. Weiter links haben wir die schwächere Komponente der Capella; danach den Sirius; dann, auf einem Haufen, die beiden Komponenten von α Centauri (dem nächsten Fixstern) und die Sonne zwischen ihnen, und — genau auf der Kurve — ein Kreis, der den größten der sechs Doppelsterne in den Hyaden darstellt. Endlich liegen ganz links zwei Komponenten eines bekannten Doppelsterns, mit Namen Krüger 60.

Die Beobachtungsangaben zur Bestätigung der Kurve sind nicht so reichlich und zuverlässig, wie man wünschen sollte, aber ich glaube, es ist nach Abb. 7 deutlich, daß die Theorie im wesentlichen bestätigt ist und daß sie uns wirklich befähigt, die Helligkeit eines Sterns aus seiner Masse vorherzusagen oder umgekehrt. Das ist ein nützliches Ergebnis, denn es gibt tausende von Sternen, von denen wir zwar die absolute Helligkeit messen können, aber nicht die Masse, und jetzt können wir ihre Masse mit einiger Zuverlässigkeit berechnen.

Da ich hier die Einzelheiten der Rechnung nicht geben konnte, muß ich deutlich machen, daß die Kurve in Abb. 7 sich auf reine Theorie oder auf der Erde ausgeführte Experimente stützt, außer der einen Komponente, die dadurch bestimmt wurde, daß man sie durch die Capella hindurchgehen ließ. Wir können uns Physiker vorstellen, die auf einem von Wolken verhüllten Planeten wie dem Jupiter arbeiten und niemals die Sterne gesehen haben. Sie würden nach der S. 21 dargelegten Methode ableiten können, daß, wenn es jenseits der Wolken ein Universum gäbe, es wahrscheinlich in der Hauptsache zu Massen von gegen tausend Quadrillionen Tonnen zusammengeballt ist. Sie könnten dann voraussagen, daß diese Massen Kugeln sind, die Licht und Wärme ausstrahlen, und daß ihre Helligkeit von der Masse in der durch die Kurve in Abb. 7 angegebenen Weise abhängt. Alle Angaben, die wir für die Rechnungen benutzt haben, würden ihnen unterhalb der Wolken erreichbar sein, außer dem einen Vorteil, den wir dadurch vor ihnen gewonnen haben, daß wir die helle Komponente der Capella benutzten. Sogar ohne dieses unerlaubte Hilfsmittel würde die gegenwärtige physikalische Theorie sie befähigen, dem unbekannten Sternenheer eine Helligkeit zuzuschreiben, die nicht sinnlos falsch sein würde. Wenn sie nicht klüger wären als wir, würden sie wahrscheinlich allen Sternen einen etwa zehnmal zu großen Glanz zuschreiben[1] — kein schlimmer Fehler für den ersten Versuch, ein so schwieriges Problem in Angriff zu nehmen. Wir hoffen, den abweichenden Faktor 10 bei weiterer Kenntnis der Atomvorgänge aufzuklären; inzwischen stellen wir ihn dadurch beiseite, daß wir die unbestimmte Konstante durch astronomische Beobachtung festlegen.

Dichte Sterne.

Die Übereinstimmung der durch Beobachtung bestimmten Punkte mit der Kurve ist bemerkenswert gut, wenn man die rohe Art der Messungen bedenkt, und scheint eine ziemlich sichere Bestätigung der Theorie zu sein. Aber hier müssen wir ein peinliches Bekenntnis machen: *wir haben die Theorie mit den verkehrten Sternen verglichen.* Wenigstens hegte Anfang 1924, als der Vergleich zuerst angestellt wurde, niemand irgendwelchen Zweifel, daß es die verkehrten Sterne seien.

Wir müssen daran erinnern, daß die Theorie für Sterne im Zustand eines idealen Gases entwickelt wurde. In der rechten Hälfte von Abb. 7 sind alle dargestellten Sterne gasförmig; Capella, die etwa dieselbe durchschnittliche Dichte wie die Luft in diesem Raum hat, kann als typisch genommen werden. Materie in dieser Verdünnung ist offensichtlich ein

---

[1] Für diese Voraussage ist es nicht notwendig, die chemische Zusammensetzung des Sterns zu kennen, falls Ausnahmefälle (z. B. ein ausnehmend großer Bruchteil Wasserstoff) ausgeschlossen sind. Als Beispiel betrachte man die Annahme, daß die Capella entweder (a) aus Eisen oder (b) aus Gold besteht. Nach der Theorie würde die Undurchsichtigkeit eines Sterns aus dem schwereren Element $2^1/_2$ mal so groß wie die eines Sterns aus Eisen sein. Dies allein würde den goldenen Stern um eine Größe ($= 2^1/_2$ mal) schwächer machen. Aber die Temperatur ist bei diesem Wechsel gestiegen, und obgleich der Unterschied, wie S. 19 ausgeführt ist, nicht sehr groß ist, vermehrt er die Wärmeausstrahlung ungefähr $2^1/_2$ mal. Im Endergebnis bleibt die Helligkeit praktisch unverändert. Diese Unabhängigkeit von der chemischen Zusammensetzung ist mit Rücksicht auf die Bestimmtheit der Ergebnisse erfreulich, aber sie macht die Abweichung um den Faktor 10 besonders schwer erklärbar.

echtes Gas, und insofern diese Sterne mit der Kurve übereinstimmen, ist die Theorie bestätigt. Aber in der linken Hälfte der Zeichnung haben wir die Sonne, deren Materie dichter als Wasser ist, bei Krüger 60 dichter als Eisen, und viele andere Sterne von einer Dichte, wie sie gewöhnlich fester oder flüssiger Materie eigen ist. Was haben sie auf der Kurve zu tun, die allein für ein ideales Gas gilt? Wenn diese Sterne in die Zeichnung eingesetzt wurden, geschah das ohne jede Erwartung, daß sie mit der Kurve übereinstimmen würden; im Gegenteil, die Übereinstimmung war überaus verdrießlich. Nach ganz etwas anderem hatte man gesucht. Man hoffte, daß man sich vielleicht auf die Theorie auf Grund ihrer eigenen Verdienste mit derselben Sicherheit stützen dürfe, wie die diffusen Sterne sie schon gewährt hatten; indem man dann ausmaß, wie weit die dichten Sterne unter die Kurve fallen, würde man eine genaue Kenntnis davon erhalten, wie groß die Abweichung vom idealen Gas für jede gegebene Dichte ist. Nach den verbreiteten Vorstellungen erwartete man, daß die Sonne drei oder vier Größen unter die Kurve fallen würde und der noch dichtere Krüger 60 fast zehn Größen darunter liegen würde[1]. Sie sehen, daß diese Erwartung ganz unerfüllt geblieben ist.

Die Überraschung war größer, als ich Ihnen beschreiben kann, denn das starke Sinken der Helligkeit bei Sternen, die zu dicht sind, um sich als ideales Gas zu verhalten, war ein grundlegender Satz für unsere Vorstellung von der Entwicklung der Sterne. Auf Grund dieses Satzes waren die Sterne in

---

[1] Die Beobachtung zeigt, daß die Sonne gegen vier Größen schwächer als der durchschnittliche diffuse Stern derselben Spektralklasse und Krüger 60 zehn Größen schwächer als diffuse Sterne seiner Klasse ist. Das ganze Sinken wurde gewöhnlich auf die Abweichung vom idealen Gas zurückgeführt; aber dies berücksichtigte nicht den möglichen Massenunterschied. Der Vergleich mit der Kurve erlaubt, dichte Sterne mit gasförmigen Sternen *ihrer eigenen Masse* zu vergleichen, und man sieht, daß dann der Unterschied verschwindet. Darum *ist* (wenn kein Irrtum unterlaufen ist) der dichte Stern ein gasförmiger Stern, und die eben erwähnten Unterschiede müssen ganz auf die Verschiedenheit der Masse geschoben werden.

zwei Gruppen geteilt worden, bekannt als Riesen und Zwerge; die ersteren waren die gasförmigen, die letzteren die dichten Sterne.

Jetzt bestehen zwei Möglichkeiten: Einmal kann man annehmen, daß irgend etwas an unserer Theorie nicht stimmt, daß die richtige Kurve für gasförmige Sterne nicht so ist, wie wir sie gezeichnet haben, sondern auf der linken Seite der Zeichnung hoch aufsteigt, so daß die Sonne, Krüger 60 usw. im richtigen Abstand darunter liegen. Kurz, unser Kritiker hätte recht. Die Natur hätte etwas Unerwartetes im Innern der Sterne verborgen und so unsere Rechnungen vereitelt. Gut, wenn es so wäre, dann wäre es schon wesentlich, das durch unsere Nachforschungen gefunden zu haben.

Die andere Möglichkeit ist, folgende Frage zu betrachten: Ist es unmöglich, daß ein ideales Gas die Dichte von Eisen haben kann? Die Antwort ist ziemlich überraschend. Es gibt keinen triftigen Grund, warum ein ideales Gas nicht auch eine Dichte weit über Eisen haben sollte, oder, genauer gesagt, der Grund, aus dem es nicht sein sollte, gilt nur für die Erde und nicht für die Sterne.

Obgleich der Stoff, aus dem die Sonne besteht, dichter ist als Wasser, ist es doch in Wirklichkeit ein ideales Gas. Das klingt unglaublich, aber es ist so. Das Merkmal eines echten Gases ist, daß zwischen den einzelnen Teilchen viel Raum liegt — Gas enthält sehr wenig Substanz und ungeheuer viel leeren Raum. Infolgedessen muß man nicht die Substanz selbst zusammenpressen, wenn man das Gas zusammenpreßt; man preßt nur etwas von dem leeren Raum hinaus. Aber wenn man weiter drückt, kommt ein Augenblick, wo man allen leeren Raum hinausgepreßt hat; die Atome sind dann so weit zusammengepreßt, daß sie sich berühren, und jeder weitere Druck bedeutet, was etwas ganz anderes ist, ein Zusammenpressen der Substanz selbst. Sobald man sich dieser Dichte nähert, geht die charakteristische Kompressibilität eines Gases verloren, und die Materie ist nicht länger ein eigentliches Gas. In einer Flüssigkeit berühren sich die Atome beinahe; das gibt Ihnen eine Vorstellung von der Dichte, bei der das Gas seine charakteristische Kompressibilität verliert.

Die großen irdischen Atome, die sich schon bei einer Dichte nahe der des flüssigen Zustands zu berühren beginnen, gibt es auf den Sternen nicht. Die Atome auf den Sternen sind durch den Verlust aller ihrer äußeren Elektronen klein geworden. Die leichteren Atome sind bis auf ihren nackten Kern — von ganz geringfügiger Größe — entblößt. Die schwereren behalten ein paar von den näheren Elektronen, haben aber nicht viel mehr als ein Hundertstel des Durchmessers eines voll bekleideten Atoms. Infolgedessen können wir diese kleinen Atome oder Ionen so viel stärker zusammenpressen, bis sie sich berühren. Bei der Dichte von Wasser oder selbst von Platin ist immer noch ein gewisser Abstand zwischen den zusammengedrängten Atomen; und es bleibt leerer Raum, der sich wie bei einem idealen Gas herauspressen läßt.

Unser Irrtum bestand darin, daß wir vergessen hatten, daß die Krinolinen nicht mehr in Mode sind, als wir das Gedränge im Sternenballsaal abschätzten.

Wir waren eigentlich recht kurzsichtig, daß wir dies Ergebnis nicht vorhergesehen hatten, wenn man bedenkt, wie viel Aufmerksamkeit wir der Verstümmlung der Atome in den andern Zweigen der Untersuchung gewidmet hatten. Auf einem großen Umweg sind wir zu einem Ergebnis gekommen, das in Wirklichkeit ganz nahe lag. Und so folgern wir, daß die Sterne auf der linken Hälfte der Zeichnung überhaupt nicht die „verkehrten" Sterne sind. Die Sonne und andere dichte Sterne liegen deshalb auf der Kurve für ideale Gase, weil sie aus idealem Gas bestehen. Eine sorgfältige Untersuchung hat ergeben, daß bei den kleinen Sternen ganz links auf Abb. 7 die elektrischen Ladungen der Atome und Elektronen eine kleine Abweichung von den gewöhnlichen Gasgesetzen hervorrufen. R. H. FOWLER hat gezeigt, daß die Wirkung auf das Gas *umgekehrt* wie die gewöhnliche Abweichung vom idealen Verhalten ist — es läßt sich *leichter* als ein gewöhnliches Gas zusammendrücken. Man sieht, daß auf der linken Seite von

Abb. 7 die Sterne im Durchschnitt ein wenig oberhalb der Kurve liegen. Wahrscheinlich ist diese Abweichung allgemein und beruht zum Teil auf der genannten Abweichung vom idealen Verhalten. Wir haben bereits gesehen, daß die gewöhnliche Abweichung sie unter die Kurve gebracht haben würde.

Selbst bei der Dichte von Platin ist reichlich leerer Raum, so daß auf den Sternen die Materie stärker zusammengepreßt werden kann als alle Stoffe, die wir auf der Erde kennen. Aber das ist eine andere Geschichte — ich will sie später erzählen.

Die allgemeine Übereinstimmung zwischen der beobachteten und der berechneten Helligkeit der Sterne verschiedener Masse ist die wichtigste Stütze für die Richtigkeit unserer Theorien über ihren inneren Aufbau. Die Anordnung ihrer Massen zu einer Reihe, die besonders stark von Strahlungsdruck abhängt, ist ebenfalls eine wertvolle Bestätigung. Man kann nicht verlangen, daß dieser beschränkte Erfolg ein Beweis dafür sei, daß wir die Wahrheit über das Innere der Sterne gefunden haben. Es ist kein Beweis, aber eine Ermunterung, in der Gedankenrichtung, die wir bisher verfolgt haben, weiter fortzufahren. Der Knoten beginnt sich zu lösen. Ein größerer Optimist mag annehmen, daß er entwirrt ist. Der Vorsichtigere wird sich auf den nächsten Knoten gefaßt machen. Der eine Grund für den Glauben, daß die eigentliche Wahrheit nicht sehr weit weg sein kann, besteht darin, daß, wenn irgendwo, dann im Innern des Sterns das Problem der Materie auf seine einfachste Form zurückgeführt ist; und die Aufgabe des Astronomen ist wesentlich weniger umfassend als die des irdischen Physikers, dem die Materie stets mit einem Gefolge von Elektronensystemen von ganz verwickeltem Aufbau erscheint.

Wir haben die allerneuesten Theorien der Physik benutzt und sie bis auf ihre letzten Folgerungen zugespitzt. Darin liegt keine Voreingenommenheit; es ist der beste Weg zu ihrer Bestätigung und zur Aufdeckung ihrer möglichen Schwächen.

In alten Zeiten versahen sich zwei Luftschiffer mit Schwingen. Dädalus flog sicher in mäßiger Höhe und wurde bei seiner Landung gebührend gefeiert. Ikarus schwang sich empor zur Sonne, bis das Wachs, das seine Schwingen zusammenhielt, schmolz und sein Flug mit einem Fiasko endete. Wenn man ihre Taten gegeneinander abwägt, läßt sich manches für Ikarus sagen. Die alten Schriftsteller sagen, daß es bloßes Mißgeschick war, aber ich denke lieber, daß er der Mann war, der einen wichtigen Konstruktionsfehler an den Flugmaschinen seiner Zeit ans Licht brachte. So ist es auch in der Wissenschaft. Der vorsichtige Dädalus wird seine Theorien nur anwenden, wo ihm der Erfolg sicher ist, aber bei seiner großen Vorsicht wird ihre verborgene Schwäche nicht entdeckt werden. Ikarus wird seine Theorien überspannen bis aufs äußerste, bis ihre schwachen Punkte offenbar werden. Aus bloßer Abenteuerlust? Vielleicht zum Teil, das ist menschlich. Auch wenn es nicht bestimmt ist, die Sonne zu erreichen und das Rätsel ihres Aufbaus endgültig zu lösen, können wir zum mindesten hoffen, von seiner Reise einige Winke zum Bau einer besseren Maschine zu lernen.

Einige neue Untersuchungen.

Wir werden die astronomische Bedeutsamkeit dessen, was wir in der vorigen Vorlesung gelernt haben, besser würdigen können, wenn wir uns vom Allgemeinen zum Besonderen wenden und sehen, wie es sich auf einzelne Sterne anwenden läßt. Ich greife zwei Sterne heraus, an die sich Geschichten von besonderer Wichtigkeit knüpfen, und will die Entwicklung unseres Wissens über sie berichten.

Die Geschichte vom Algol.

Dies ist eine Detektivgeschichte, die wir „Das fehlende Wort und die falsche Deutung" nennen könnten.

Im Gegensatz zu vielen andern Wissenschaften können wir in der Astronomie die Gegenstände, die wir untersuchen, nicht anfassen und abtasten; wir müssen geduldig warten und die Botschaften, die sie uns senden, in Empfang nehmen und entziffern. Unsere ganze Kenntnis von den Sternen kommt zu uns über die Lichtstrahlen; wir geben acht und versuchen ihre Zeichen zu verstehen. Es gibt einige Sterne, die uns regelmäßige Reihen von Punkten und Strichen zu senden scheinen — wie das unterbrochene Licht eines Leuchtturms. Wir können dies nicht wie eine Morseschrift übersetzen; trotzdem entwirren wir durch sorgfältige Messung einen großen Teil des Inhalts ihrer Botschaften. Der Stern Algol ist der berühmteste von den „veränderlichen Sternen". Wir erfahren aus den Zeichen, daß es in Wirklichkeit zwei Sterne sind, die umeinander kreisen. Manchmal ist der hellere der beiden Sterne verdeckt, das gibt eine starke Verfinsterung oder einen „Strich"; manchmal ist der schwächere Stern verdeckt, das gibt einen „Punkt". Dies wiederholt sich mit einer Periode von 2 Tagen und 21 Stunden — der Umdrehungsperiode der beiden Sterne.

Diese Botschaft hatte noch einen weit tieferen Inhalt, aber man war in einer großen Verlegenheit. Es fehlte sozusagen gerade ein einziges Wort. Wenn wir das fehlende Wort ergänzen könnten, würde uns die Mitteilung volle und genaue Einzelheiten geben, wie über die Größe des Systems, über die Durchmesser und Massen der beiden Komponenten, ihre absolute Helligkeit, den Abstand zwischen ihnen, ihren Abstand von der Sonne. Aber weil das Wort fehlte, erzählt uns die Botschaft nichts wirklich Endgültiges über irgendeins dieser Dinge.

Unter diesen Umständen hätten die Astronomen keine Menschen sein müssen, wenn sie nicht das fehlende Wort zu erraten versucht hätten. Das Wort würde uns erzählt haben, wieviel größer der helle Stern war als der schwächere, d. h. das Massenverhältnis beider Sterne. Einige der weniger bekannten veränderlichen Sterne geben uns vollständige Botschaften. (Diese konnten demgemäß benutzt werden, um die Beziehung zwischen Masse und absoluter Helligkeit zu bestätigen und sind in Abb. 7 durch Dreiecke dargestellt.) Die Schwierigkeit bei Algol ergab sich aus der ungewöhnlichen Helligkeit der hellen Komponente, die die feineren Zeichen der schwachen Komponente überstrahlte und unleserlich machte. Aus den andern Systemen konnte man den gewöhnlichen Wert für das Massenverhältnis bestimmen und daraus seinen wahrscheinlichen Wert für Algol abschätzen. Verschiedene Forscher bevorzugten etwas verschiedene Schätzungen, aber im allgemeinen nahm man an, daß in Systemen wie Algol die helle Komponente zweimal so groß wie die schwache Komponente sei. Und so wurde angenommen, daß das fehlende Wort „zwei" hieße. Auf Grund dieser Annahme wurden die verschiedenen Ausmaße des Systems berechnet und allgemein für ziemlich richtig gehalten. Das war vor 16 Jahren[1].

Auf diese Weise fand man als Sinn der Botschaft heraus, daß der hellere Stern einen Radius von 1100000 km

---

[1] Rohere Schätzungen wurden schon viel früher gemacht.

habe (anderthalbmal der Sonnenradius), daß er die halbe Masse der Sonne habe, 30mal ihre Lichtstärke usw. Man sieht sofort, daß dies mit unserer Kurve auf Abb. 7 nicht übereinstimmt; ein Stern von der halben Sonnenmasse müßte viel schwächer sein als die Sonne. Es brachte ziemliche Verwirrung, als man fand, daß ein so berühmter Stern gegen die Theorie Einspruch erhob; aber am Ende muß die Theorie doch durch Vergleich mit Tatsachen und nicht mit Vermutungen bestätigt werden, und die Theorie dürfte wohl eine festere Grundlage haben als die Vermutung über das fehlende Wort. Außerdem hat der Algol einen Spektraltyp, wie er gewöhnlich nicht mit kleiner Masse verbunden ist, und dies wirft einigen Verdacht auf die angenommenen Ergebnisse.

Wenn wir den in der vorigen Vorlesung entwickelten Theorien Vertrauen schenken, können wir ohne das fehlende Wort auskommen. Oder anders ausgedrückt, wir können anstatt „zwei" nacheinander verschiedene Annahmen versuchen, bis wir eine erhalten, die für die helle Komponente eine mit der Kurve in Abb. 7 übereinstimmende Masse und Helligkeit ergibt. Die Annahme „zwei" gibt, wie wir gesehen haben, einen Punkt, der weit aus der Kurve herausfällt. Wenn wir die Annahme zu „drei" verändern und Masse und Helligkeit danach neu berechnen, so ist der entsprechende Punkt schon etwas näher an der Kurve. Wir fahren fort mit „vier", „fünf" usw.; wenn der Punkt jenseits der Kurve liegt, wissen wir, daß wir zu weit gegangen sind, und müssen einen Wert dazwischen wählen, um die gesuchte Übereinstimmung zu erhalten. Dies tat man im November 1925, und es ergab sich, daß das fehlende Wort „fünf" heißen müsse, nicht „zwei" — ein auffallender Unterschied. Und nun lautete die Botschaft:

Radius der hellen Komponente = 2 140 000 km,
Masse der hellen Komponente = 4,3 × Sonnenmasse.

Wenn man dies mit den ursprünglichen Zahlen vergleicht, sieht man, daß der Unterschied groß ist. Dem Stern ist eine große Masse zugeschrieben, wie sie viel mehr für einen Stern vom B-Typ paßt. Es stellt sich weiter heraus, daß Algol mehr als hundertmal so hell wie die Sonne ist und daß seine Parallaxe 0,028″ beträgt — doppelt so viel wie der ursprünglich angenommene Abstand.

Zu dieser Zeit schien es wenig wahrscheinlich, daß diese Schlüsse bestätigt werden könnten. Möglicherweise könnte die Vorhersage der Parallaxe durch eine trigonometrische Bestimmung bewiesen oder widerlegt werden; aber sie ist so klein, daß sie ziemlich außerhalb des Bereichs leidlich genauer Messung liegt. Wir müßten Ihnen hier die Entscheidung überlassen: „Wenn Sie die Theorie annehmen, ist Algol wahrscheinlich so und so beschaffen; wenn Sie der Theorie nicht vertrauen, sind diese Ergebnisse für Sie belanglos.‘‘

Aber inzwischen hatten zwei Astronomen an der Ann-Arbor-Sternwarte nach einer bemerkenswerten neuen Methode nach dem fehlenden Wort geforscht. Sie hatten wirklich das Wort gefunden und ein Jahr vorher veröffentlicht, aber es war nicht weit bekannt geworden. Wenn ein Stern rotiert, kommt der eine Saum oder „Rand‘‘ auf uns zu und der andere entfernt sich von uns. Wir können die Geschwindigkeit auf uns zu oder von uns weg mit Hilfe des Dopplereffekts im Spektrum messen und erhalten ein bestimmtes Ergebnis in Kilometern in der Sekunde. So können wir die Äquatorialgeschwindigkeit der Sonnenrotation messen, indem wir erst den östlichen Rand und dann den westlichen Rand beobachten und den Unterschied der so erhaltenen Geschwindigkeiten feststellen. Das geht bei der Sonne alles sehr gut, denn dort kann man die Scheibe bis auf die besondere Stelle, die man beobachten will, abdecken, aber wie kann man einen Teil eines Sterns abdecken, wenn der Stern ein bloßer Lichtpunkt ist? *Wir* können das nicht, aber bei dem Algol wird das Abdecken schon für uns besorgt. Die schwache Komponente dient als Schirm. Wenn sie vor dem hellen Stern vorbeigeht, gibt es einen Augenblick, wo sie eine schmale Sichel im Osten übrig läßt, und einen anderen Augenblick, wo sie eine schmale Sichel im Westen unbedeckt läßt. Natürlich ist der

Stern zu weit weg, als daß man wirklich die Sichelform sehen könnte, aber in diesen Augenblicken erhält man nur Licht von den Sicheln, da ja der Rest der Scheibe verdeckt ist. Wenn wir diese Augenblicke benutzen, können wir Messungen machen, gerade als ob wir den Schirm selbst gehalten hätten. Glücklicherweise ist die Rotationsgeschwindigkeit des Algol groß und kann daher mit einem verhältnismäßig kleinen Fehler gemessen werden. Wenn man die Äquatorialgeschwindigkeit mit der Rotationsperiode multipliziert[1], erhält man den Umfang von Algol. Durch Division mit 6,28 ergibt sich der Radius.

Das war die von ROSSITER und MC.LAUGHLIN ausgearbeitete Methode. Der letztere wandte sie auf Algol an und fand für den Radius der helleren Komponente

$$2\ 180\ 000\ \text{km.}$$

Soweit sich beurteilen läßt, ist sein Ergebnis recht genau, der Radius ist in der Tat jetzt wahrscheinlich besser bekannt, als bei irgendeinem andern Stern, außer der Sonne. Wenn Sie jetzt nach S. 39 zurückschlagen und ihn mit dem theoretisch gefundenen Wert vergleichen, sehen Sie, daß wir befriedigt sein können. MC.LAUGHLIN hat auch die Werte der übrigen Konstanten und Abmessungen des Systems bestimmt; diese stimmen gleich gut, aber das folgt automatisch, weil nur ein einziges fehlendes Wort zu ergänzen war. Nach beiden Bestimmungen ergab sich das fehlende Wort oder Massenverhältnis als 5,0.

Wir sind noch nicht ganz am Schluß der Geschichte. Warum war die erste Mutmaßung für das Massenverhältnis so schlimm mißlungen? Wir wissen jetzt, daß eine Verschiedenheit in der Masse beider Sterne eng mit einer Verschiedenheit in ihrer Helligkeit verbunden ist. In der ursprünglichen Botschaft des

---

[1] Die beobachtete Periode des Algol ist die Umlaufs-, nicht die Rotationsperiode. Aber die beiden Komponenten liegen sehr nahe beieinander, und es kann kein Zweifel bestehen, daß sie infolge der großen Gezeitenkräfte einander dieselbe Seite zukehren; d. h. Rotations- und Umlaufsperiode sind gleich.

Algol war die Verschiedenheit der Helligkeit gegeben; sie
sagte uns, daß die schwächere Komponente etwa ein Drei-
zehntel des Lichts der helleren gibt. (Zum mindesten deuteten
wir es so.) Nach unserer Kurve entspricht dies einem Massenverhältnis von $2\,^1/_2 : 1$, was keine große Verbesserung der ursprünglichen Schätzung $2 : 1$ ist. Für ein Massenverhältnis von
$5 : 1$ müßte der Begleiter viel schwächer gewesen sein — in
Wirklichkeit hätte sein Licht unentdeckbar sein müssen. Obgleich Überlegungen wie diese auf die ursprüngliche Schätzung
keinen großen Einfluß gehabt haben können, schienen sie uns
zuerst zu vergewissern, daß daran nicht sehr viel falsch sein
könnte.

Wir wollen die helle Komponente Algol A und die schwache
Komponente Algol B nennen. Vor einigen Jahren wurde eine
neue Entdeckung gemacht, nämlich Algol C. Man fand, daß
Algol A und B zusammen um einen dritten Stern kreisen, mit
einer Periode von wenig unter 2 Jahren — zum mindesten
kreisen sie mit dieser Periode, und man muß vermuten, daß
etwas da ist, um das sie kreisen. Bisher hatten wir geglaubt, wenn Algol A zur Zeit der stärksten Verfinsterung fast
verdeckt ist, müßte alles übrige Licht von Algol B kommen;
aber nun ist es klar, daß es zu Algol C gehört, der ohne Unter-
brechung immer scheint. Infolgedessen ist das Massenverhältnis $2\,^1/_2 : 1$ das von Algol A zu Algol C. Das Licht von
Algol B ist, wie es nach dem Massenverhältnis $5 : 1$ sein muß,
unmeßbar schwach[1].

Die Botschaft von Algol A und B war nicht nur durch
das fehlende Wort verwirrt, sondern auch dadurch, daß ein
Wort oder zwei einer andern Botschaft von Algol C dabei
unterlaufen waren; darum war, selbst als das fehlende Wort als
„fünf“ gefunden und auf zweierlei Weise bestätigt war, die

---

[1] Es ist vielleicht noch von Interesse, daß man, obgleich das
eigene Licht von Algol B unmeßbar klein ist, dennoch die Reflexion
(oder Zurückstrahlung) des Lichts von Algol A an ihm beobachten
kann. Dieses reflektierte Licht verändert sich wie Mondlicht, je nachdem Algol B „neu“ oder „voll“ ist.

Botschaft noch nicht ganz in Ordnung. An anderer Stelle schien die Botschaft zu schwanken und „zwei-und-einhalb" zu heißen. Der letzte Schritt bestand in der Entdeckung, daß „zwei-und-einhalb" zu einer andern Botschaft von einem vorher nicht vermuteten Stern, Algol *C*, gehört. Und so endet alles glücklich.

Der beste Detektiv ist nicht unfehlbar. In dieser Geschichte machte unser astronomischer Detektiv ganz zu Anfang des Falls eine vernünftige, aber falsche Vermutung. Er hätte vielleicht seinen Irrtum früher einsehen können, aber ein Dritter, der zufällig bei dem Verbrechen zugegen war, hatte eine falsche Fährte hinterlassen, die die Vermutung zu bestätigen schien. Das war Pech, aber so wurde eine um so bessere Detektivgeschichte daraus.

Die Geschichte des Begleiters des Sirius.

Die Überschrift dieser Detektivgeschichte heißt „Die sinnlose Botschaft".

Der Sirius ist der am meisten in die Augen fallende Stern am Himmel. Er wurde natürlich in früheren Zeiten sehr oft beobachtet und wurde von den Astronomen zusammen mit andern Sternen zur Bestimmung der Zeit und zum Stellen der Uhren benutzt. Er war ein „Uhrstern", wie man sagt. Aber es stellte sich heraus, daß er überhaupt keine gute Uhr war. Er ging einige Jahre ständig vor und ging dann nach. Im Jahre 1844 fand BESSEL den Grund dieser Unregelmäßigkeit. Der Sirius beschrieb eine elliptische Bahn. Natürlich mußte etwas da sein, um das er sich bewegte, und so wurde dort ein dunkler Stern entdeckt, den niemand jemals gesehen hatte. Ich glaube nicht, daß irgend jemand erwartete, daß man ihn jemals sehen würde. Der Begleiter des Sirius war, soviel ich weiß, der erste unsichtbare Stern, der auf systematischem Wege gefunden wurde. Wir dürfen solchen Stern eigentlich nicht hypothetisch nennen. Die mechanischen Eigenschaften der Materie sind viel entscheidender als die zufällige Eigenschaft der Sichtbarkeit; wir sehen ein durchsichtiges Fenster nicht als hypothetisch an. In der Nähe des Sirius war etwas, was die allgemeinste mechanische Eigenschaft der Materie aufwies, nämlich auf benachbarte Materie eine Kraft nach dem Gravitationsgesetz auszuüben. Das ist eine bessere Gewißheit für das Vorhandensein einer materiellen Masse als die Sichtbarkeit.

Indessen wurde der Begleiter des Sirius 18 Jahre später von ALVAN CLARK wirklich gesehen. Diese Entdeckung war einzig in ihrer Art; CLARK sah nicht nach dem Sirius, weil er an ihm interessiert war, sondern weil der Sirius ein schöner, heller Lichtpunkt war, an dem er die optische Vollkommenheit eines großen, neuen Objektivs prüfen wollte, das seine Firma hergestellt hatte. Ich bin überzeugt, daß er enttäuscht war, als er den kleinen Lichtpunkt dicht neben dem Sirius sah, und daß er ihn fortzuwischen versuchte. Aber er blieb und erwies sich als der schon bekannte, aber bis dahin nicht gesehene Begleiter.

Die großen modernen Fernrohre zeigen den Stern leicht und zerstören das Märchen; aber mit dem Schwinden des Märchens wuchs das Wissen, und jetzt wissen wir, daß der Begleiter des Sirius ein nicht viel kleinerer Stern als die Sonne ist. Er hat $^4/_5$ der Sonnenmasse, gibt aber nur $^1/_{360}$ des Sonnenlichts. Diese Dunkelheit überraschte uns nicht sonderlich[1]; man glaubte damals, daß es ganz helle, weißglühende Sterne und schwach rotglühende Sterne mit allen dazwischenliegenden Helligkeitsgraden gäbe. Man nahm an, daß der Begleiter einer der gerade nur rotglühenden schwachen Sterne sei.

Aber im Jahre 1914 fand Professor ADAMS an der Mount-Wilson-Sternwarte, daß es kein roter Stern war. Er war weißglühend Warum schien er dann nicht hell funkelnd? Die scheinbar einzige Antwort war, daß er ein sehr kleiner Stern sein müsse. Die Natur und Farbe des Lichts zeigen, daß seine Oberfläche stärker glühen muß als die der Sonne; aber das gesamte Licht ist nur $^1/_{360}$ des Sonnenlichts; darum muß die Oberfläche kleiner als $^1/_{360}$ der Sonnenoberfläche sein. Das macht den Radius

---

[1] Die Beziehung zwischen Masse und Helligkeit erwartete man zu der Zeit, von der ich spreche, noch nicht.

kleiner als $^1/_{19}$ des Sonnenradius und läßt die ganze Kugel zu einer Größe zusammenschrumpfen, wie sie gewöhnlich mehr bei Planeten als bei Sternen vorkommt. Wenn wir den Betrag genauer berechnen, finden wir, daß der Begleiter des Sirius in der Größe zwischen der Erde und dem nächstgrößeren Planeten, dem Uranus, liegt. Aber wenn man eine Masse, nicht viel kleiner als die der Sonne, in eine Kugel, nicht viel größer als die Erde, pressen will, gibt das ein schlimmes Gequetsche. Die wirkliche Dichte wird dann 60000 mal größer als die des Wassers — etwa ein Zentner auf den Kubikzentimeter.

Wir lernen von den Sternen durch Empfang und Deutung der Botschaften, die ihr Licht zu uns bringt. Als die Botschaft des Begleiters des Sirius entziffert war, lautete sie: „Ich bestehe aus einem Stoff, der 3000 mal dichter ist als alles, was euch jemals begegnet ist; eine Tonne aus meinem Stoff würde ein kleines Klümpchen sein, das ihr in eine Streichholzschachtel stecken könnt." Welche Antwort kann man auf solche Botschaft geben? Die Antwort, die die meisten von uns 1914 gaben, hieß: „Schweig still! Schwatz' keinen Unsinn!"

Aber im Jahre 1924 war die in der vorigen Vorlesung dargestellte Theorie entwickelt worden, und Sie werden sich erinnern, daß sich zum Schluß die Möglichkeit herausstellte, daß in den Sternen die Materie bis zu einer Dichte zusammengepreßt sein kann, die weit über unsere irdische Erfahrung hinausgeht. Dies rief die seltsame Botschaft des Begleiters des Sirius ins Gedächtnis zurück. Sie konnte nicht länger als offensichtlicher Unsinn abgetan werden. Das bedeutet nicht, daß wir sie ohne weiteres als richtig annehmen könnten; aber sie muß jetzt mit einer Vorsicht gewogen und geprüft werden, die wir an ein bloßes unsinniges Gerede nicht verschwenden würden.

Man versteht, daß es sehr schwer war, die ursprüngliche Botschaft für ein Mißverständnis zu erklären. Denn daß die Masse $^4/_5$ der Sonnenmasse ist, daran kann überhaupt kein ernstlicher Zweifel bestehen. Es ist eine der am besten bestimmten Sternmassen. Überdies ist klar, daß die Masse groß sein muß, wenn sie den Sirius aus seiner Bahn lenkt und pünktlich auf die Stunde zur Umkehr zwingt. Die Bestimmung des Radius ist weniger zuverlässig, aber nach einer Methode erfolgt, die bei der Anwendung auf andere Sterne guten Erfolg gehabt hat. Der Radius des Riesensterns Beteigeuze z. B. wurde zuerst auf diese Weise berechnet; danach stellte sich heraus, daß man den Radius der Beteigeuze mit Hilfe des MICHELSONschen Interferometers direkt bestimmen konnte, und die direkte Messung bestätigte den berechneten Wert. Andererseits steht der Begleiter des Sirius in seiner Besonderheit nicht allein. Wenigstens zwei andere Sterne haben uns Nachricht von unglaublich hoher Dichte gegeben; und wenn man unsere ganz geringen Möglichkeiten, diesen Zustand zu entdecken, bedenkt, kann man nicht zweifeln, daß diese sogenannten „weißen Zwerge" verhältnismäßig zahlreich im Weltall vorkommen.

Aber wir dürfen uns nicht ganz auf eine Deutung verlassen, die sich auf irgendeine unerwartete Weise als falsch erweisen könnte. Darum unternahm es Professor ADAMS im Jahre 1924 noch einmal, diese Botschaft einer Prüfung zu unterwerfen, die entscheidend sein sollte. EINSTEINS Gravitationstheorie ergibt, daß alle Linien im Spektrum eines Sterns im Vergleich zu den entsprechenden Linien auf der Erde ein wenig nach dem roten Ende des Spektrums verschoben sind. Auf der Sonne ist der Effekt wegen der vielen Ursachen für eine kleine Verschiebung, die entwirrt werden müssen, fast zu schwach, um beobachtet zu werden. Mir persönlich gibt die EINSTEINsche Theorie eine festere Gewißheit der Existenz des Effekts, als die Zuverlässigkeit der Beobachtung zuläßt. Dennoch ist es eine schlagende Tatsache, daß diejenigen Forscher, die die Untersuchungen angestellt haben, jetzt einstimmig der Meinung sind, daß der Effekt auf der Sonne wirklich vorhanden ist, obgleich einige von ihnen zuerst überzeugende Gründe dagegen zu haben glaubten. Bisher ist die EINSTEINsche Theorie von dem praktischen Astronomen hauptsächlich als etwas betrachtet worden, das er zu bestätigen berufen wäre; aber jetzt hat die Theorie Aussicht, sich dadurch zu bewähren, daß sie uns etwas viel Zweifelhafteres, als sie selbst ist, prüfen hilft. Der EINSTEIN-Effekt ist proportional der Masse, dividiert durch den Radius des Sterns; und da der Radius des Begleiters (wenn die Botschaft richtig ist) sehr klein ist, muß der Effekt sehr groß sein. Er müßte in der Tat 30mal so groß wie bei der Sonne sein. Das hebt ihn weit über alle andern Ursachen einer Linienverschiebung, die die Prüfung an der Sonne so unsicher machen.

Die Beobachtung ist sehr schwierig, weil der Begleiter des Sirius sehr schwach ist und verstreutes Licht seines überstrahlenden, funkelnden Nachbars viele Schwierigkeiten macht. Indessen machte Professor ADAMS nach den Anstrengungen eines Jahres befriedigende Messungen und fand, wie vorhergesagt, eine große Linienverschiebung. Wenn man die Ergebnisse in der üblichen Einheit von Kilometern in der Sekunde ausdrückt, kam das Mittel aus seinen Messungen auf 19, während die vorhergesagte Verschiebung 20 war.

Professor ADAMS hat so zwei Fliegen mit einer Klappe geschlagen: Er hat eine neue Prüfung von EINSTEINS allgemeiner Relativitätstheorie ausgeführt und hat gezeigt, daß Materie von einer wenigstens 2000mal größeren Dichte als Platin nicht nur möglich ist, sondern unter den Sternen wirklich vorkommt[1]. Dies ist die beste Bestätigung für unsere Meinung, daß die Sonne mit einer $1\frac{1}{2}$ mal so großen Dichte wie die des Wassers von der größten Dichte der Materie auf Sternen weit entfernt ist, und es wäre darum ganz vernünftig, wenn wir finden sollten, daß sie sich wie ein ideales Gas verhält.

Ich sagte, daß die Beobachtung außerordentlich schwierig war. Indessen glaube ich, wir sollten dem Ergebnis eines noch so erfahrenen Beobachters, das seine Geschicklichkeit bis

---

[1] Meine Aussagen über ein „ideales Gas von der Dichte von Platin" und „Materie, die 2000mal dichter ist als Platin", sind von Zeitungsberichterstättern oft zusammengezogen zu einem „idealen Gas, das 2000mal dichter ist als Platin". Es läßt sich kaum ausrechnen, welches der Zustand der Materie bei dem Begleiter des Sirius ist, aber ich glaube nicht, daß es ein ideales Gas ist.

zum äußersten angespannt hat, keinen unbedingten Glauben schenken, solange es nicht durch die unabhängige Arbeit anderer bestätigt ist. Darum sollte man für den Augenblick die üblichen Vorbehalte bei der Annahme dieser Folgerungen machen. Aber die Wissenschaft ist nicht einfach ein Haufen von Kenntnissen über das Universum; sie ist eine Methode des Fortschreitens, bisweilen gewunden, bisweilen ungewiß. Und unser Interesse für die Wissenschaft besteht nicht nur in dem Verlangen, die neusten Tatsachen zu hören, die zu der Sammlung hinzugefügt sind; wir sprechen gern von unsern Hoffnungen und Befürchtungen, von Wahrscheinlichkeiten und Erwartungen. Ich habe die Detektivgeschichte erzählt, soweit sie sich bisher selbst entrollt hat. Ob wir das letzte Kapitel erreicht haben, weiß ich nicht.

Unbekannte Atome und die Deutung der Spektren.

Es müßte klar sein, daß man in dieser ungewöhnlich dichten Materie nicht irgendeinen seltsamen Stoff vermutet — ein oder mehrere neue chemische Elemente. Es ist ganz gewöhnliche Materie, die nur durch die hohe Temperatur stark beschädigt ist und sich darum enger packen läßt — genau wie mehr Leute in einen Raum gezwängt werden können, wenn ein paar Knochen zerbrochen sind. Es ist einer der Wesenszüge astronomischer Physik, daß sie uns die *gewöhnlichen* Elemente der Erde in einem *ungewöhnlichen* Zustand zeigt — zerbrochen oder ionisiert bis zu einem Grade, der im Laboratorium nicht oder nur unter großen Schwierigkeiten erreicht wird. Aber nicht nur im unerreichbaren Innern der Sterne finden wir die Materie in einem Zustand, der außerhalb irdischer Erfahrung liegt.

Hier ist ein Bild vom Ringnebel in der Leier (Abb. 8)[1]. Es ist durch ein Prisma aufgenommen, so daß wir nicht einen Ring, sondern eine Anzahl von Ringen sehen, die verschiedenen Linien des Spektrums entsprechen und die die verschiedenen Atomarten darstellen, die das Licht des Nebels hervorbringen.

---

[1] Aufgenommen von Dr. W. H. Wright an der Lick-Sternwarte in Kalifornien.

Der kleinste Ring, der ziemlich schwach ist (durch einen Pfeil
angedeutet), besteht aus Licht, das von den Heliumatomen in
dem Nebel hervorgebracht ist — nicht gewöhnlichem Helium,
sondern zertrümmerten Heliumatomen. Es war einer der
großen Laboratoriumserfolge der letzten Zeit, als es im Jahre
1912 Professor A. FOWLER gelang, durch Beschießung von
Heliumatomen in einer Röntgenröhre dieses Licht, das wir
in den Sternen schon gut kennen, in hinreichender Stärke
hervorzubringen. Zwei andere Ringe gehören zum Wasserstoff. Bis auf diese drei Ausnahmen ist keiner von diesen
Ringen bisher im Laboratorium hergestellt worden. Wir

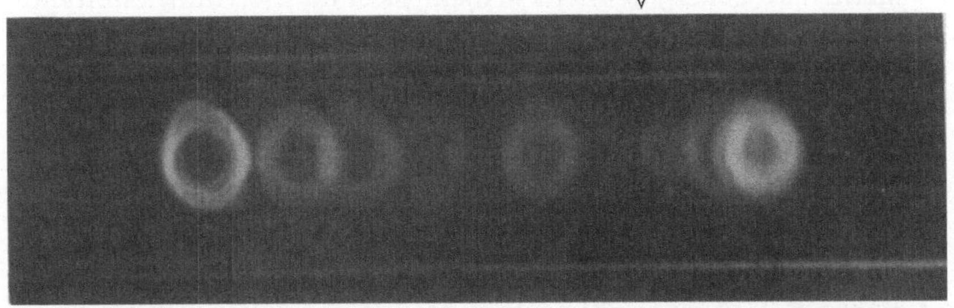

Abb. 8. Der Ringnebel in der Leier.

wissen z. B. nicht, welche Elemente die beiden hellsten Ringe
an der äußersten Rechten und Linken hervorbringen.

Wir werden manchmal gefragt, ob sich auf den Sternen
einige neue Elemente finden, die es auf der Erde nicht gibt
oder die bisher nicht entdeckt sind. Wir können aufrichtig und
zuversichtlich mit Nein antworten. Indessen nicht darum,
weil alles, was wir in den Sternen gesehen haben, mit bekannten irdischen Elementen identifiziert ist. Die Antwort wird
in der Tat nicht vom Astronomen, sondern vom Physiker gegeben. Der letztere hat ein geordnetes System der Elemente
aufstellen können, und daraus ergibt sich, daß dort gar keine
Lücken für neue Elemente übrig geblieben sind, bis wir zu
Elementen von sehr hohem Atomgewicht kommen, die nicht
so leicht in die Atmosphäre eines Sterns aufsteigen und sich in
astronomischer Beobachtung zeigen würden. Jedes Element

trägt eine Nummer, vom Wasserstoff mit Nr. 1 bis zum Uran mit Nr. 92. Und überdies trägt jedes Element sein Nummerschild so deutlich, daß es der Physiker lesen kann. Er kann z. B. sagen, daß Eisen Nr. 26 ist, ohne zählen zu müssen, wieviel Elemente vorhergehen. Die Elemente sind nach ihren Nummern aufgerufen worden, und bis auf Nr. 84 haben alle „zur Stelle" geantwortet[1].

Das Element Helium (Nr. 2) wurde zuerst von LOCKYER in der Sonne entdeckt und erst viele Jahre später auf der Erde gefunden. Die Astrophysiker werden diesen Erfolg wahrscheinlich nicht zum zweiten Mal haben, sie können keine neuen Elemente entdecken, wenn keine mehr da sind. Den unbekannten Urheber der beiden nahe beieinanderliegenden Ringe auf der rechten Seite der Abbildung (ein heller und ein schwächerer Ring) hat man Nebulium genannt. Aber Nebulium ist kein neues Element. Es ist ein ganz bekanntes Element, das wir nicht bestimmen können, weil es mehrere seiner Elektronen verloren hat. Ein Atom, das ein Elektron verloren hat, ist wie ein Freund, der seinen Schnurrbart abrasiert hat; seine alten Bekannten erkennen ihn nicht wieder. Aber wir werden Nebulium eines Tages erkennen. Die theoretischen Physiker versuchen, Gesetze zu finden, die genau die Lichtart bestimmen, die von Atomen in verschiedenen Stufen der Verstümmlung ausgesandt wird — so daß es nur eine Sache der Rechnung sein wird, das Atom aus dem von ihm ausgesandten Licht zu bestimmen. Die experimentellen Physiker sind bei der Arbeit, immer stärkere Methoden zum Zerschlagen der Atome zu erproben, so daß eines Tages ein irdisches Atom gezwungen sein wird, Nebuliumlicht auszusenden. Es ist ein großes Rennen, und ich weiß nicht, auf welche Seite ich setzen soll. Der Astronom kann nicht viel zur Lösung des Problems beitragen, das er gestellt hat. Ich glaube, wenn er mit größter Sorgfalt das Intensitätsverhältnis der beiden Nebuliumlinien

---

[1] Nr. 43, 61, 75 sind neue Entdeckungen und bedürfen noch der Bestätigung. Es bleiben jetzt nur noch zwei Lücken (85 und 87), abgesehen von möglichen Elementen jenseits des Uran.

messen würde, würde er den Physikern einen nützlichen Wink geben. Er hat außerdem einen anderen Anhaltspunkt — obgleich es sehr schwer ist, etwas damit anzufangen — nämlich die verschiedenen Größen der Ringe auf der Photographie, die eine Verschiedenheit in der Verteilung der ausstrahlenden Atome zeigen. Offensichtlich kommt Nebulium mehr in den äußeren Teilen des Nebels vor und Helium mehr in der Mitte; aber es ist nicht klar, welchen Schluß man aus dieser Verschiedenheit in ihrem Verhalten ziehen kann.

Die Atome von verschiedenen Elementen und die Atome von demselben Element in verschiedenen Ionisationsstufen haben alle bestimmte Liniensysteme, die sich zeigen, wenn man ihr Licht mit einem Spektroskop untersucht. Unter bestimmten Bedingungen (wie in Nebeln) erscheinen diese als helle Linien; aber häufiger sind sie als dunkle Linien in einen zusammenhängenden Untergrund eingezeichnet. In jedem Fall befähigen uns die Linien, das Element zu bestimmen, wenn sie nicht gerade zu einem Atom in einem Zustand gehören, den wir auf der Erde bisher nicht festgestellt haben. Die übereilte Prophezeiung, daß die Kenntnis von der Zusammensetzung der Himmelskörper uns für immer unerreichbar sein wird, ist längst widerlegt, und die bekanntesten Elemente, Wasserstoff, Kohlenstoff, Calcium, Titan, Eisen und viele andere, können in den entferntesten Teilen des Weltalls festgestellt werden. Die Erregung über diese schon alte Entdeckung ist nun vorüber. Aber inzwischen hat die Spektroskopie der Sterne ihr Ziel viel weiter gesteckt; sie ist nicht mehr chemische, sondern physikalische Analyse. Wenn wir einen alten Bekannten treffen, ist das erste das Wiedererkennen, aber dann kommt gleich die nächste Frage: „Wie geht es?" Nachdem wir das Atom auf dem Stern wiedererkannt haben, stellen wir diese Frage, und das Atom antwortet „ganz gesund" oder „schlimm zerschlagen", je nachdem es der Fall ist. Seine Antwort gibt Nachricht von seiner Umgebung — der Härte der Behandlung, der es ausgesetzt ist — und führt von da zu einer Kenntnis der Temperatur- und Druckverhältnisse an dem Ort, den wir beobachten.

Wenn wir die Reihe der Sterne von den kältesten bis zu den heißesten überblicken, können wir verfolgen, wie die Calciumatome zuerst ganz, dann einfach ionisiert, dann doppelt ionisiert sind — ein Zeichen, daß mit wachsender Hitze das Aufeinanderprasseln heftiger wird. (Die letzte Stufe ist durch das Verschwinden der sichtbaren Zeichen des Calciums angezeigt, weil das Ion, das zwei Elektronen verloren hat, keine Linien im beobachtbaren Teil des Spektrums hat.) Diese stufenweise Veränderung zeigt sich bei anderen Elementen in ähnlicher Weise. Ein großer Fortschritt in dieser Untersuchung·wurde im Jahre 1920 von Professor M. N. SAHA gemacht, der zuerst die quantitativen physikalischen Gesetze anwandte, die den Ionisationsgrad bei gegebener Temperatur und gegebenem Druck bestimmen. Er erfand hierin eine neue astrophysikalische Forschungsweise, die seitdem weitgehend entwickelt ist. So ist die physikalische Theorie, wenn wir in der Sternfolge die Stelle angeben, wo vollständige Calciumatome einfach ionisierten Platz machen, imstande, die entsprechende Temperatur oder den Druck zu berechnen[1]. SAHAS Methoden sind von R. H. FOWLER und E. A. MILNE verbessert worden. Eine wichtige Anwendung war die Bestimmung der Oberflächentemperatur bei den heißesten Sterntypen (12 000⁰ bis 25 000⁰), da entsprechende, für kältere Sterne anwendbare Methoden bei diesen hohen Temperaturen nicht ausreichen. Ein anderes, ziemlich überraschendes Ergebnis war die Entdeckung, daß der Druck in einem Stern (in der von der Spektroskopie überblickten Schicht) nur $^1/_{10\,000}$ einer Atmosphäre beträgt; vorher hatte man, allerdings in einer noch ziemlich rohen Abschätzung, angenommen, daß er ungefähr derselbe sei wie der in unserer eigenen Atmosphäre.

Wir benutzen die Spektralanalyse gewöhnlich, wenn wir bestimmen wollen, welche Elemente in einem auf der Erde ge-

---

[1] Sie gibt nicht *beides*, Temperatur und Druck, aber sie gibt das eine, wenn das andere bekannt ist. Dies ist eine wertvolle Erkenntnis, die wir mit unserer Kenntnis von den Zuständen an der Oberfläche der Sterne verbinden können.

gebenen Stück Mineral vorhanden sind. Sie ist ebenso zuverlässig bei der Untersuchung der Sterne, da es keinen Unterschied machen kann, ob das von uns untersuchte Licht von einem ganz nahen Körper kommt oder Hunderte von Jahren durch den Raum zu uns gewandert ist. Aber eine Schranke muß man bei der Arbeit über Sterne stets beachten: Wenn der Chemiker in seinem Mineral etwa nach Stickstoff sucht, sorgt er dafür, daß diejenigen Bedingungen erfüllt sind, die nach seiner Erfahrung für das Erscheinen des Stickstoffspektrums notwendig sind. Aber bei den Sternen müssen wir die Bedingungen nehmen, wie wir sie finden. Wenn Stickstoff nicht sichtbar wird, so ist das kein Beweis, daß kein Stickstoff vorhanden ist; es ist viel wahrscheinlicher, daß die Sternatmosphäre nicht die richtigen Versuchsbedingungen getroffen hat. Im Spektrum des Sirius sind die Wasserstofflinien ungemein stark und überstrahlen alles andere. Wir schließen daraus nicht, daß der Sirius in der Hauptsache aus Wasserstoff besteht, sondern wir schließen statt dessen, daß seine Oberfläche eine Temperatur von etwa 10 000° hat; denn man kann berechnen, daß diese Temperatur für eine starke Entwicklung von Wasserstofflinien am günstigsten ist. In der Sonne herrscht das Eisenspektrum vor. Wir folgern nicht, daß die Sonne ungewöhnlich reich an Eisen ist; wir folgern, daß sie eine verhältnismäßig niedrige Temperatur von etwa 6000° hat, die für das Hervorbringen des Eisenspektrums günstig ist. Zu einer früheren Zeit dachte man, daß das Vorherrschen von Wasserstoff auf dem Sirius und von metallischen Elementen auf der Sonne eine Entwicklung der Sterne anzeigten, indem sich der Wasserstoff in schwerere Elemente verwandelt, während der Stern sich von der siriusähnlichen zur sonnenähnlichen Stufe abkühlt. Aber es liegt kein Grund vor, die Beobachtungen in dieser Weise zu deuten; das Verschwinden des Wasserstoffspektrums und das Anwachsen des Eisenspektrums würde auf jeden Fall infolge des Sinkens der Temperatur eintreten; ein ähnlicher falscher Schein einer Entwicklung der Elemente kann auch im Laboratorium hervorgebracht werden.

Es ist ziemlich wahrscheinlich, daß die chemischen Elemente auf den Sternen etwa in demselben Verhältnis vorkommen wie auf der Erde. Aller Augenschein stimmt mit dieser Ansicht überein; und für einige der häufigeren Elemente haben wir eine positive Bestätigung. Aber wir sind auf das Äußere der Sterne beschränkt, wie wir auf der Erde bei der Schätzung der Häufigkeit der Elemente auf das Äußere beschränkt sind; man sollte darum auf diesem sehr vorläufigen Schluß nicht über Gebühr bestehen.

Spektralserien.

Um diese Art der Untersuchung näher zu erläutern, wollen wir das auf Abb. 9 gezeigte Spektrum betrachten und sehen, was wir daraus lernen können. Mit ein wenig Mühe können wir eine wunderschöne regelmäßige Serie von hellen Linien entwirren. Die Zeichen darüber sollen Ihnen helfen, die wenigen ersten Linien der Serie aus den zahlreichen andern Spektren herauszufinden, die ebenfalls auf dem Bilde zu sehen sind. Wenn Sie auf die Verringerung des Abstands von rechts nach links achten, können Sie sehen, wie die Serie jenseits der letzten bezeichneten noch mindestens fünfzehn Linien hat, bis die Linien zuletzt nahe aneinanderrücken und einen „Serienkopf" bilden. Dies ist die berühmte BALMER-Serie des Wasserstoffs, und wenn wir sie gefunden haben, haben wir das Vorhandensein des Wasserstoffs in der Lichtquelle festgestellt. Aber das ist nur der erste Schritt, und wir können zu weiteren Schlüssen fortschreiten.

Professor BOHRS Theorie des Wasserstoffatoms lehrt uns, daß die einzelnen Linien der Serie von verschiedenen Zuständen eines Atoms ausgesandt werden. Diese „Anregungsstufen" kann man der Reihe nach ordnen, angefangen mit dem Normalzustand des Wasserstoffs als Nr. 1. Das Licht der ersten Stufen fällt in den hier nicht abgebildeten Teil des Spektrums, die erste Linie in unserem Bild entspricht dem Zustand Nr. 8. Wenn man von dort nach links zählt, kann man ohne große Schwierigkeit die folgenden Linien bis hinauf zu Zu-

stand Nr. 30 erkennen. Nun entsprechen die aufeinander-
folgenden Stufen immer stärker geschwollenen Atomen, d. h.
das Planetelektron[1] beschreibt immer größere Bahnen. Der
Radius (oder genauer die Halbachse) seiner Bahn ist proportional dem Quadrat der Nummer des Zustands, so daß die
Bahn für Zustand Nr. 30 900mal größer ist als die des normalen Atoms Nr. 1. Der Durchmesser der Bahn in Zustand
Nr. 30 ist etwa $^1/_{10000}$ mm. Einen Schluß kann man sofort
ziehen — das in Abb. 9 gezeigte Spektrum stammt nicht aus
einem irdischen Laboratorium. Im größten Vakuum, das

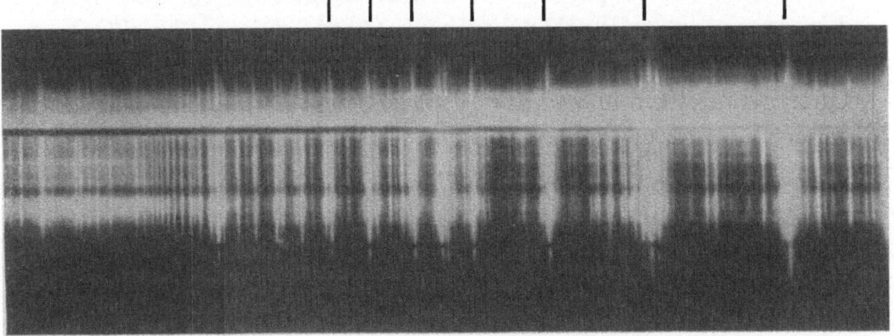

Abb. 9. Wasserstoff — die BALMER-Serie.

man auf der Erde bei der Spektroskopie benutzen kann, sind
die Atome noch zu eng beieinander, um für eine so große Bahn
Raum zu lassen. Die Lichtquelle muß eine so dünne Materie
sein, daß es dort für das Elektron freien Raum gibt, um diese
weite Bahn zu beschreiben, ohne mit andern Atomen zusammenzustoßen oder von ihnen abgelenkt zu werden. Ohne
uns auf weitere Einzelheiten einzulassen, können wir schließen,
daß Abb. 9 ein Spektrum von Materie ist, die dünner verteilt
ist als das stärkste auf der Erde bekannte Vakuum[2].

Man beachte, daß der Untergrund ganz links hell ist,
während auf dem größten Teil des Bildes die Linien sich

---

[1] Wasserstoff (als Element Nr. 1) hat nur ein Planetelektron.

[2] Abb. 9 ist eine Photographie des „Flash-Spektrums" der Sonnenchromosphäre, aufgenommen von MR. DAVIDSON auf Sumatra bei der
Sonnenfinsternis vom 14. Januar 1926.

von einem dunklen Untergrund abheben; die Grenze liegt gerade an der Stelle, wo die BALMER-Serie zu Ende ist. Dieser helle Hintergrund geht ebenfalls auf Wasserstoff zurück und kommt auf folgende Weise zustande: Die geschwollenen Atome in Zustand Nr. 30 oder einem ähnlichen sind in gefährlicher Nähe des Punktes, wo sie zerspringen; darum ist es natürlich, daß unter ihnen einige sind, die die Grenze überschritten haben und zerplatzen. Sie haben ihre Planetelektronen verloren und versuchen, neue einzufangen. Genau so, wie Energie gebraucht wird, um ein Elektron von einem Atom abzuspalten, wird überflüssige Energie frei, wenn das Atom ein wildes Elektron einfängt. Diese überflüssige Energie wird ausgestrahlt und bildet den erwähnten hellen Untergrund. Ohne auf die Einzelheiten der Theorie einzugehen, können wir sehen, daß dies Licht der zerplatzten Atome unmittelbar hinter den Linien der am stärksten geschwollenen Atomen liegen muß, denn das Platzen ist eine Folge zu großen Anschwellens.

Während Sie dies Bild der BALMER-Serie vor sich haben, will ich die Gelegenheit benutzen, die Geschichte einer anderen berühmten Serie zu erzählen. In manchen der heißesten Sterne wurde im Jahre 1896 eine ähnliche, als PICKERING-Serie bekannte Linienserie entdeckt. Diese ist genau nach demselben regelmäßigen Plan angeordnet, aber die Linien fallen in die Mitte zwischen die Linien der BALMER-Serie — nicht genau in die Mitte wegen der allmählichen Verminderung des Abstands von rechts nach links, sondern genau dahin, wo man natürlicherweise Linien einsetzen müßte, wenn man ihre Anzahl verdoppeln und dabei die Gesetzmäßigkeit des Abstands erhalten sollte. Im Gegensatz zur BALMER-Serie war die PICKERING-Serie niemals in einem Laboratorium hervorgebracht worden. Welches Element hatte sie erzeugt? Die Antwort schien auf der Hand zu liegen; sicherlich müssen diese beiden verwandten Serien, von denen die eine gerade in die Mitte zwischen die andere paßte, zu verschiedenen Schwingungsformen desselben Atoms, des Wasserstoffs, gehören. Das schien seinerzeit die einzig mögliche Antwort zu sein; aber wir haben seitdem mehr über die Atome gelernt. Wir können mit Recht annehmen, daß die ideale Einfachheit dieser beiden Serien anzeigt, daß sie von einem Atomsystem des einfachstmöglichen Typs, d. h. von einem Atom mit einem einzigen Planetelektron hervorgebracht sind. Aber man muß bedenken, daß diese Bedingung nur besagt, wie weit das Atom *bekleidet* ist, nicht was für ein Atom es *ist*. Das Heliumatom (oder für diesen Fall sogar das Uranatom) kann sich gelegentlich in dem knappen Kleid des Wasserstoffatoms verstecken. Normales Helium hat zwei Planetelektronen; aber wenn es eins von ihnen verloren hat, wird es wasserstoffähnlich und wiederholt das einfache Wasserstoffsystem in einem andern Maßstab. Es ist bezeichnend, daß die PICKERING-Serie nur auf ganz heißen Sternen erscheint — unter Bedingungen, die für den Verlust eines Elektrons günstig sind. Der Unterschied zwischen Wasserstoff und wasserstoffähnlichem Helium ist einmal der Unterschied im Atomgewicht; der Heliumkern ist viermal so schwer. Aber dies kann kaum das Spektrum beeinflussen, weil beide Kerne so schwer sind, daß sie durch das tanzende Elektron kaum erschüttert werden. Sodann hat der Heliumkern eine zweifache elektrische Ladung; dies ist gleichbedeutend damit, daß man in einem schwingenden System eine doppelt so starke Feder einsetzt. Was kann natürlicher sein, als daß die Verdopplung der Federkraft auch die Anzahl der Linien in der Serie verdoppelt, ohne sonst ihren Aufbau zu verändern? Auf diese Weise fand Professor BOHR den wahren Ursprung der PICKERING-Serie; sie gehört zum ionisierten Helium, nicht zum Wasserstoff[1].

Der schwere Kern bleibt, sowohl beim Wasserstoff als auch beim Helium, bei den Schwingungen des Atoms fast in

---

[1] Die bereits erwähnte Heliumlinie im Ringnebel ist kein Glied der PICKERING-Serie, aber hat dieselbe Geschichte gehabt. Sie wurde zuerst dem Wasserstoff zugeschrieben, später (1912) von FOWLER in einer Mischung von Wasserstoff und Helium auf der Erde hergestellt und endlich von BOHR als zum Helium gehörig erkannt.

Ruhe — fast, aber nicht ganz. Später gelang es Professor
A. Fowler, die Pickering-Serie im Laboratorium zu erzeugen, und er konnte die Linien mit viel größerer Genauigkeit messen, als es in der Stellarspektroskopie möglich war; er
konnte dann aus seinen Messungen zeigen, daß der Kern nicht
ganz unbeeinflußt bleibt. Es handelte sich um ein winziges
Doppelsternproblem, ins Innere des Atoms verlegt; ein besseres
Beispiel wäre vielleicht der wechselseitige Einfluß von Sonne
und Jupiter, weil der Jupiter mit einem Tausendstel der Sonnenmasse die Sonne ungefähr in demselben Maße stört, wie
das Leuchtelektron den Wasserstoffkern stört. Ionisiertes
Helium ist in allem ein genaues Abbild des Wasserstoffatoms (in verändertem Maßstab) mit Ausnahme der Kern-
erschütterung; diese ist kleiner als beim Wasserstoffatom, weil
der Heliumkern schwerer ist und sich darum weniger leicht
erschüttern läßt. Der Unterschied in der Kernbewegung
bringt die Pickering-Serie des Helium und die Balmer-
Serie des Wasserstoffs in ihrem gegenseitigen Verhältnis ein
wenig aus dem Tritt, und durch Messung dieses Fehlers gelang Professor Fowler eine sehr genaue Bestimmung der
Kernbewegung und damit der Elektronenmasse. Auf diese
Weise fand man die Elektronenmasse als $^1/_{1844}$ der Masse des
Wasserstoffkerns; dies stimmt gut mit der anderweitig bestimmten Masse überein, und diese Bestimmung ist wahrscheinlich nicht weniger genau als jede andere.

Und so führte der zuerst in 500 Lichtjahre entfernten
Sternen aufgenommene Faden, abwechselnd vom theoretischen und vom experimentellen Physiker verfolgt, zum Schluß
zum kleinsten aller bekannten Dinge.

Die Wolke im Weltenraum.

Nachdem wir bereits die dichteste Materie im Weltall betrachtet haben, wenden wir uns jetzt zur Betrachtung der
dünnsten.

Trotz großer Fortschritte in der Kunst, luftverdünnte
Räume herzustellen, sind wir von der Herstellung eines *wirk-*

lichen Vakuums (eines luft*leeren* Raums) noch weit entfernt. Bevor eine Vakuumröhre ausgepumpt wird, stellen die darin enthaltenen Atome eine ungeheure Zahl von etwa 20 Stellen dar. Ein starkes Auspumpen bedeutet eine Verminderung um fünf oder sechs Stellen; und die größte Anstrengung, eine weitere Stelle abzustreichen, scheint lächerlich unwirksam — ein bloßes Nagen an der ungeheuren Zahl, die übrigbleibt.

Einige Sterne sind äußerst verdünnt. Die Beteigeuze z. B. hat ein Tausendstel der Dichte der Luft. Wir würden das ein Vakuum nennen, wenn es nicht im Gegensatz zu der viel größeren Leere des umgebenden Raumes stünde. Heutzutage können die Physiker ohne Schwierigkeiten ein besseres Vakuum als die Beteigeuze herstellen; aber in früheren Zeiten würde dieser Stern als eine ganz beachtenswerte Annäherung an ein Vakuum betrachtet worden sein.

Die äußeren Teile eines Sterns, und besonders die hellen Anhängsel, wie die Sonnenchromosphäre und -corona, erreichen viel geringere Dichten. Auch die gasförmigen Nebel sind, was schon ihr Name besagt, äußerst dünn. Wenn Platz genug vorhanden ist, einen Stecknadelkopf zwischen benachbarte Atome zu legen, können wir schon von einem „echten Vakuum" zu sprechen beginnen. Im Innern des Orionnebels ist dieser Grad der Leere wahrscheinlich erreicht und überschritten.

Ein Nebel hat keine bestimmte Grenze, und seine Dichte nimmt allmählich ab. Diese Abnahme wird bei großen Entfernungen wahrscheinlich immer langsamer. Bevor wir aus dem Bereich des einen Nebels ganz herauskommen, treten wir in den eines andern ein, so daß im Raum zwischen den Sternen stets eine gewisse Dichte übrig bleibt.

Wenn wir von dem allmählichen Aufhören der Nebel ausgehen, sind wir, glaube ich, in der Lage, die unzusammengeballt im Weltraum zurückbleibende Materiemenge abzuschätzen. Eine normale Gegend, wo keine beobachtbare Nebelbildung vorhanden ist, ist das vollkommenste bestehende Vakuum —, wenigstens innerhalb der Grenzen des Sternensystems — aber es bleibt immer noch etwa *ein Atom in einem Kubikzentimeter*. Es hängt von unserm Gesichtspunkt ab, ob wir das als eine erstaunliche Erfülltheit oder eine erstaunliche Leere des Raums betrachten. Vielleicht macht die Erfülltheit auf uns den größten Eindruck. Das Atom findet innerhalb des Sternensystems keinen Platz, wo es wirklich allein ist; wohin es auch geht, überall kann es einem Nachbarn zuwinken, der nicht mehr als einen Zentimeter weit entfernt ist.

Wir wollen denselben Gegenstand von einer andern Seite aus betrachten.

In der „Geschichte vom Algol" berichtete ich über den Weg, auf dem wir die Rotationsgeschwindigkeit der Sonne messen. Wir richten das Spektroskop zuerst auf den einen Rand der Sonne und dann auf den andern. Wenn wir irgendeine der schwarzen Linien des Spektrums herausgreifen, finden wir, daß sie zwischen den beiden Beobachtungen ein wenig verschoben ist. Dies zeigt uns, daß der Stoff, der die Linie aussandte, bei den beiden Beobachtungen mit verschiedener Geschwindigkeit auf uns zukam oder sich von uns entfernte. Gerade dies erwarteten wir zu finden; die Rotation der Sonne läßt ihre Materie sich auf der einen Seite der Scheibe auf uns zu und auf der andern von uns fort bewegen. Aber es gibt einige wenige schwarze Linien, die diesen Wechsel nicht zeigen. Sie liegen genau an derselben Stelle, ob wir sie im Osten oder im Westen der Sonne beobachten. Offensichtlich können diese ihren Ursprung nicht auf der Sonne haben. Sie sind dem Licht aufgeprägt worden, nachdem es die Sonne verlassen und bevor es unser Fernrohr erreicht hat. Wir haben so ein Medium aufgefunden, das irgendwo zwischen der Sonne und unserm Fernrohr liegt; und da man einige Linien als Linien des Sauerstoffs erkannt hat, kann man schließen, daß das Medium Sauerstoff enthält.

Dies scheint der Anfang einer großen Entdeckung zu sein, aber es endet mit einer großen Enttäuschung. Zufällig kennen wir bereits ein Sauerstoff enthaltendes Medium, das irgendwo zwischen unserm Fernrohr und der Sonne liegt. Es ist ein

Medium, das für unser Dasein wesentlich ist: Die Erdatmosphäre ist der Urheber der „festen" Linien im Sonnenspektrum.

Genau wie das Spektroskop uns zeigen kann, daß die Sonne sich dreht (eine Tatsache, die uns von der Beobachtung von Merkmalen auf der Oberfläche schon bekannt ist), so kann es uns zeigen, daß gewisse Sterne sich auf Kreisbahnen bewegen und darum unter dem Einfluß eines zweiten Sterns stehen, der selbst sichtbar oder unsichtbar sein kann. Aber auch hier finden wir bisweilen „feste" Linien, die sich nicht mit den andern verändern. Darum liegt irgendwo zwischen dem Stern und dem Fernrohr ein unbewegtes Medium, das diese Linien dem Licht aufprägt. Diesmal ist es nicht die Erdatmosphäre. Die Linien gehören zu zwei Elementen, Calcium und Natrium, die in der Atmosphäre nicht vorkommen. Außerdem ist das Calcium in einem beschädigten Zustand, es hat eins seiner Elektronen verloren, und die Verhältnisse in unserer Atmosphäre sind nicht so, daß sie diesen Verlust hervorrufen würden. Es scheint kein Zweifel daran zu bestehen, daß das Medium, das Natrium und ionisiertes Calcium enthält — und ohne Zweifel viele andere Elemente, die sich nicht zeigen — ein von der Erde und dem Stern getrenntes Dasein führt. Es ist die schon erwähnte „Erfülltheit" des Raums zwischen den Sternen. Das Licht muß auf seinem ganzen Wege vom Stern bis zur Erde ein Atom auf jeden Kubikzentimeter treffen, und es wird auf seiner Reise von vielen hundert Billionen Kilometern genug Atome treffen, die diese schwarzen Linien seinem Spektrum einprägen.

Anfangs schien noch eine andere Deutung möglich: Man dachte, daß diese Linien von einer als eine Art Aureole mit dem Stern verbundenen Wolke hervorgebracht würden. Die beiden Komponenten drehen sich im Kreise umeinander, aber ihre Kreisbewegung braucht ein diffuses Medium nicht zu stören, das das vereinigte System ausfüllt und umgibt. Das war eine sehr vernünftige Vermutung, aber man konnte sie einer Prüfung unterziehen. Die Probe gab wieder die *Geschwindigkeit* ab. Obgleich beide Teile sich innerhalb der umgebenden

Wolke von Calcium und Natrium periodisch hin und her bewegen können, ihre durchschnittliche Bewegung auf uns zu oder von uns weg muß natürlich, über eine lange Zeit genommen, mit der des Calcium und Natrium übereinstimmen, wenn der Stern nicht einfach seinen Hof hinter sich lassen soll. Professor PLASKETT führte die Prüfung mit dem 72zölligen Reflektor im Dominion-Observatorium von Britisch-Kolumbia aus. Er fand, daß die durchschnittliche oder „säkulare" Annäherungsgeschwindigkeit des Sterns[1] im allgemeinen von der Geschwindigkeit bei den festen Calcium- und Natriumlinien ganz verschieden war. Selbstverständlich konnte der Stoff, der die festen Linien erzeugt, nicht mit dem Stern zusammenhängen, da er ja nicht mit ihm Schritt hielt. PLASKETT ging weiter und zeigte, daß, während die Sterne selbst alle Arten von eigenen Geschwindigkeiten hatten, der Stoff, der die festen Linien erzeugte, in allen Teilen des Himmels dieselbe oder nahezu dieselbe Geschwindigkeit hat, als ob es ein einziges, zusammenhängendes Medium im ganzen Raum zwischen den Sternen sei. Meiner Meinung nach kann kein Zweifel bestehen, daß diese Untersuchung das Vorhandensein einer das Sternensystem durchdringenden kosmischen Wolke beweist. Die Erfülltheit des Raums zwischen den Sternen wird eine beobachtbare Tatsache und ist nicht länger eine bloß theoretische Vermutung.

Das Sternensystem schwimmt in einem Ozean — nicht bloß einem Ozean von leerem Raum, nicht bloß einem Ozean von Äther, sondern einem Ozean, der so weit Masse ist, daß etwa ein Atom in jedem Kubikzentimeter vorkommt. Es ist ein richtiger Ozean ohne große relative Bewegung; Strömungen sind wahrscheinlich vorhanden, aber sie sind unbedeutend und erreichen nicht die hohen Geschwindigkeiten, wie sie die Sterne gewöhnlich besitzen.

Dabei ergeben sich viele interessante Einzelheiten, aber ich will nur eine oder zwei berühren. Warum sind die Calciumatome

---

[1] Diese wurde selbstverständlich bei den andern Linien gefunden, die ihrem Ursprung nach zum Stern gehören und sich hin und her bewegen, wenn dieser seine Bahn beschreibt.

ionisiert? Man sollte meinen, daß wir in der Ruhe des Weltenraums den Aufruhr, der im Innern eines Sterns die Atome zertrümmerte, hinter uns gelassen haben; so scheint es zunächst schwer verständlich, warum die Atome in den Wolken nicht ganz sein sollten. Indessen dauert selbst in den Tiefen des Raums das Zerbrechen der Atome an, weil stets Sternenlicht durch den Raum flutet und einige von den Lichtwellen durchaus stark genug sind, ein erstes oder zweites Elektron vom Calciumatom abzuspalten. Es ist eine der seltsamsten Entdeckungen der modernen Physik, daß das, was eine Lichtwelle wirklich einbüßt, wenn sie sich bei ihrer Ausbreitung verdünnt, mehr von ihrer *Faulheit* als einem wirklichen Energieverlust herrührt. Was verkleinert wird, ist nicht die Energie, sondern die Wahrscheinlichkeit, daß die Energie wirksam wird. Eine Lichtwelle, die imstande ist, ein Atom zu zerspalten, behält diese Fähigkeit auch, wenn sie sich bei der Ausbreitung millionenfach verdünnt; sie wird nur eine Million mal seltener von dieser Fähigkeit Gebrauch machen. Anders ausgedrückt: ein den verdünnten Wellen ausgesetztes Atom wird im Durchschnitt eine Million mal länger warten müssen, bis eine Welle es zu zersprengen sucht; aber wenn es wirklich zersprengt wird, geschieht das auch bei der größten Verdünnung immer mit genau derselben Kraft. Dies ist ganz anders als das Verhalten der Wasserwellen; eine Welle, die am Anfang stark genug ist, ein Boot zum Kentern zu bringen, wird, wenn sie sich ausgebreitet hat, zu schwach dafür. Es ist mehr wie bei modernen Geschossen, die einen gegebenen Gegenstand bei größerer Entfernung leichter verfehlen, wenn sie aber treffen, ihn in gleicher Weise zerstören. Diese Eigenschaft (die Quanteneigenschaft) ist das größte Geheimnis des Lichts.

So werden noch im freien Raum Elektronen von den Calciumatomen abgespalten, nur geschieht es sehr selten. Die andere Seite der Frage ist die nach der Schnelligkeit der Wiederherstellung, und in diesem Zusammenhang ist die geringe Dichte der kosmischen Wolke der entscheidende Faktor. Das Atom hat wenig Gelegenheit zur Wiederherstellung. Auf seinem Weg durch den Raum trifft das Atom nur etwa einmal im Monat ein Elektron, und daraus folgt noch keineswegs, daß es das erste, das es trifft, auch einfängt. Folglich genügt eine ganz seltene Zertrümmerung, um die Mehrzahl der Atome ionisiert zu erhalten. Der beschädigte Zustand der Atome im Innern eines Sterns kann mit der Zerstörung eines Hauses durch einen Wirbelsturm verglichen werden; der beschädigte Zustand im Weltenraum mit der Zerstörung durch die gewöhnliche Abnutzung verbunden mit ungewöhnlicher Nachlässigkeit bei der Reparatur.

Eine Berechnung ergibt, daß die meisten Calciumatome im Weltenraum zwei Elektronen verloren haben; diese Atome belästigen das Licht nicht und geben kein sichtbares Spektrum. Die „festen" Linien werden von Atomen hervorgebracht, die sich zeitweilig in einem vollkommeneren Zustand mit nur einem fehlenden Elektron befinden; sie können in keinem Augenblick mehr als ein Tausendstel der ganzen Zahl ausmachen, aber trotzdem sind sie hinreichend häufig, um die beobachtete Absorption hervorzurufen.

Im allgemeinen stellen wir uns den Weltenraum ungewöhnlich kalt vor. Es ist ganz richtig, daß jedes Thermometer dort nur gegen 3^0 über dem absoluten Nullpunkt zeigen würde — wenn wir eine so niedrige Ablesung ausführen könnten. Feste Materie, wie im Thermometer, oder sogar Materie, die man vom gewöhnlichen Standpunkt aus als äußerst diffus ansehen würde, sinkt auf diese niedrige Temperatur. Aber die Regel gilt nicht für so verdünnte Materie wie die Wolke im Sternenraum. Deren Temperatur wird durch andere Faktoren bestimmt und liegt wahrscheinlich nicht weit unterhalb der Oberflächentemperatur der heißesten Sterne, sagen wir bei $15\,000^0$. Der Weltenraum ist gleichzeitig außerordentlich kalt und ungemein heiß[1].

---

[1] Weil das Wort Temperatur bisweilen in neuartigen Bedeutungen verwandt wird, will ich hinzufügen, daß $15\,000^0$ die Temperatur ist, die den Geschwindigkeiten der einzelnen Atome und Elektronen entspricht — die alte Gastemperatur.

Die Sonnenchromosphäre.

Noch einmal wechseln wir den Schauplatz und kehren zurück zu den äußeren Teilen der Sonne. Abb. 10[1] zeigt eine der ungeheuren Protuberanzen, die von Zeit zu Zeit aus der Sonne hervorbrechen. Die Flamme auf diesem Bild ist gegen 200000 Kilometer hoch. Sie machte große Formänderungen durch und verschwand in nicht mehr als 24 Stunden. Dies war eine ziemlich ungewöhnliche Erscheinung. Kleinere Flammen kommen sehr häufig vor, es scheint, als ob die seltsamen

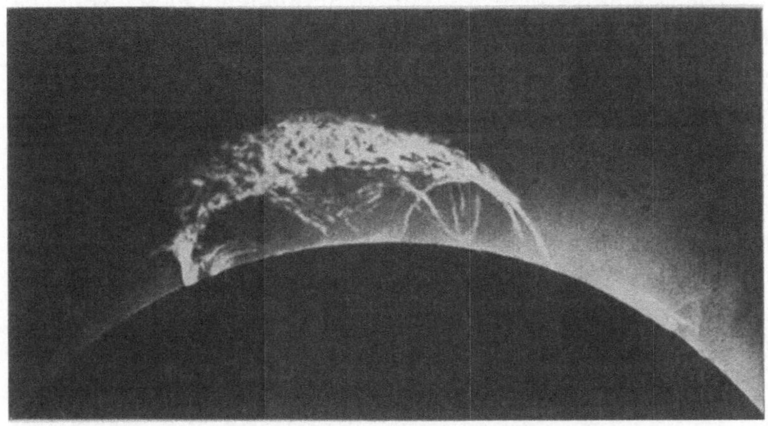

Abb 10. Sonnenprotuberanzen.

schwarzen Zeichen auf Abb. 1, die oft wie Spalten aussehen, in Wirklichkeit Protuberanzen sind, die sich gegen den noch helleren Hintergrund der Sonne abheben. Die Flammen bestehen aus Calcium, Wasserstoff und mehreren andern Elementen.

Uns interessieren weniger die Protuberanzen, als die Höhen, aus denen sie aufsteigen. Die gewöhnliche Atmosphäre der Sonne endigt ziemlich plötzlich, aber über ihr ist eine breite, wenn auch sehr verdünnte Schicht, die sogenannte

---

[1] Die Photographie ist von E. T. COTTINGHAM und dem Verfasser in Principe bei der totalen Sonnenfinsternis am 29. Mai 1919 aufgenommen.

Chromosphäre. Sie besteht aus wenigen, ausgewählten Elementen, die schwimmen können — schwimmen, nicht auf der Oberfläche der Sonnenatmosphäre, sondern auf den *Sonnenstrahlen*. Die Kunst, auf einem Sonnenstrahl zu reiten, ist offensichtlich ziemlich schwer, denn nur wenige Elemente besitzen die notwendige Geschicklichkeit. Am geschicktesten ist Calcium. Das leichte und behende Wasserstoffatom versteht sich auch ziemlich gut darauf, aber das schwere Calciumatom kann es am besten.

Die Calciumschicht, die auf dem Sonnenlicht schwebt, ist mindestens 8000 km dick. Wir können sie am besten beobachten, wenn der größte Teil der Sonne bei einer Finsternis durch den Mond verdeckt ist; aber der Spektroheliograph befähigt uns, sie bis zu einem gewissen Grad auch ohne eine Finsternis zu untersuchen. Im ganzen ist sie unbewegt und ruhig, obgleich sie sich, wie die Protuberanzenflammen zeigen, durch heftige Ausbrüche himmelhoch blasen läßt. Die Schlüsse über die Calciumchromosphäre, die ich beschreibe, stützen sich auf eine Reihe bemerkenswerter Untersuchungen von Professor MILNE.

Wie bringt es ein Atom fertig, auf einen Sonnenstrahl zu schweben? Die Möglichkeit beruht auf dem Lichtdruck, von dem ich bereits gesprochen habe (S. 21). Wenn das Sonnenlicht nach außen wandert, hat es einen gewissen nach außen gerichteten Impuls; wenn das Atom das Licht absorbiert, absorbiert es auch den Impuls und erhält so einen winzigen Stoß nach außen. Diese Impulse befähigen es, den Boden wieder zu gewinnen, den es beim Fall zur Sonne verlor. Die Atome in der Chromosphäre werden über der Sonne schwebend gehalten wie winzige Federbälle, sie sinken ein wenig und empfangen dann vom Licht einen neuen Impuls. Nur solche Atome, die im Verhältnis zu ihrem Gewicht große Mengen Sonnenlicht absorbieren können, sind imstande, erfolgreich zu schweben. Wir müssen einen ziemlich tiefen Einblick in den Absorbtionsmechanismus des Calciumatoms tun, wenn wir verstehen wollen, warum es die anderen Elemente übertrifft.

Das gewöhnliche Calciumatom hat in seiner Hülle zwei ziemlich lose Elektronen; die Chemiker drücken dies aus, indem sie es als ein zweiwertiges Element bezeichnen. Diese beiden losen Elektronen sind besonders wichtig, denn sie bestimmen das chemische Verhalten. Jedes dieser Elektronen besitzt einen Mechanismus zur Absorption von Licht. Aber unter den in der Chromosphäre herrschenden Verhältnissen ist eines dieser Elektronen abgespalten, und die Calciumatome sind in demselben beschädigten Zustand, der in der zwischen den Sternen schwebenden Wolke die „festen Linien" entstehen läßt. Das Calcium in der Chromosphäre stützt sich also auf das Sonnenlicht, das es einfangen kann, während das eine lose Elektron zurückbleibt. Sich davon zu trennen, wäre verhängnisvoll; das Atom wäre nicht länger imstande, Sonnenlicht zu absorbieren, und würde wie ein Stein niederfallen. Zwar bleiben nach dem Verlust von zwei Elektronen noch achtzehn zurück, aber diese sind so eng um den Kern gelagert, daß das Sonnenlicht keine Wirkung auf sie hat und sie nur kürzere Wellen absorbieren können, die die Sonne nicht in nennenswerter Menge ausstrahlt. Das Atom kann sich darum nur retten, wenn es seinen Hauptabsorptionsmechanismus durch Aufnahme eines vorüberfliegenden Elektrons wiederhergestellt hat; es hat wenig Aussicht, eines in der verdünnten Chromosphäre zu fangen, so daß es wahrscheinlich bis zur Sonnenoberfläche fällt.

Es gibt zwei Möglichkeiten, Licht zu absorbieren. Bei der einen absorbiert das Atom so gierig, daß es platzt und das Elektron mit der überflüssigen Energie fortfliegt. Das ist der auf Abb. 5 gezeigte Ionisationsvorgang. Es ist klar, daß dies nicht der Absorptionsvorgang in der Chromosphäre sein kann, denn wie wir gesehen haben, darf das Atom das Elektron nicht verlieren. Bei der andern Möglichkeit absorbiert das Atom nicht ganz so gierig. Es platzt nicht, aber es schwillt sichtlich an. Um die neue Energie unterzubringen, wird das Elektron auf eine höhere Bahn gehoben. Dies Verfahren nennt man Anregung (vgl. S. 54). Nachdem das Elektron eine kleine Zeit auf der angeregten Bahn geblieben ist, fällt es freiwillig wieder herunter. Dieser Prozeß muß sich 20 000mal in der Sekunde wiederholen, um das Atom in der Chromosphäre im Gleichgewicht zu halten.

Der Punkt, auf den wir zusteuern, ist dieser: Warum kann Calcium besser schweben als andere Elemente? Es schien immer merkwürdig, daß man ein ziemlich schweres Element (Nr. 20 in der Reihe der Atomgewichte) in diesen äußersten Bereichen fand, wo man nur die leichtesten Atome erwarten würde. Wir sehen jetzt, daß die geforderte besondere Geschicklichkeit in der Fähigkeit besteht, ein Elektron 20 000mal in der Sekunde in die Höhe zu werfen, ohne es jemals durch einen verhängnisvollen Fehler zu verlieren. Das ist selbst für ein Atom nicht leicht. Calcium[1] kann das, weil es eine mögliche Anregungsbahn besitzt, die nur ein klein wenig oberhalb der normalen Bahn liegt, so daß es das Elektron zwischen diesen beiden Bahnen ohne ernstliche Gefahr schaukeln kann. Bei den meisten andern Elementen ist die erste verfügbare Bahn verhältnismäßig viel höher; die Energie, die nötig ist, um diese Bahn zu erreichen, ist nicht viel geringer als die Energie, die nötig ist, um das Elektron überhaupt zu entreißen; so kann es kaum eine beständige Lichtquelle geben, die die Sprünge von einer Bahn zur andern hervorrufen kann, ohne es bisweilen zu arg zu treiben und damit den Verlust eines Elektrons zu verursachen. Gerade der große Unterschied zwischen Anregungs- und Ionisationsenergie beim Calcium ist so günstig; denn die Sonne ist sehr reich an Ätherwellen, die das erstere, und sehr arm an Ätherwellen, die das letztere verursachen können.

Die Zeit, die im Durchschnitt jeder Vorgang in Anspruch nimmt, ist $^1/_{20\,000}$ Sekunde. Diese zerfällt in zwei Perioden. Während der einen Periode wartet das Atom geduldig, bis eine Lichtwelle auf es stürzt und das Elektron in eine

---

[1] Wir sprechen von Calcium, wie es in der Chromosphäre vorkommt, d. h. mit einem fehlenden Elektron.

höhere Bahn hebt. Während der andern Periode läuft das Elektron beständig auf der höheren Bahn, bevor es sich entschließt, wieder herunter zu fallen. Professor Milne hat gezeigt, wie man aus Beobachtungen der Chromosphäre die Dauer dieser beiden Perioden berechnen kann. Die erste Periode des Wartens hängt von der Stärke der Sonnenstrahlen ab. Aber wir richten unsere Aufmerksamkeit besonders auf die zweite Periode, die uns wichtiger ist, weil sie eine bestimmte Eigenschaft des Calciumatoms ist, die mit den örtlichen Verhältnissen nichts zu tun hat. Obgleich wir sie für Ionen in der Sonnenchromosphäre messen, muß dasselbe Ergebnis überall für Calciumatome gelten. Milnes Ergebnis ist, daß ein Elektron, das auf eine höhere Bahn gehoben wird, dort im Durchschnitt eine hundertmillionstel Sekunde bleibt, bis es von selbst wieder zurückfällt. Ich füge hinzu, daß es während dieser kurzen Zeit wohl eine Million Umläufe auf der oberen Bahn macht.

Vielleicht werden Sie diese Dinge gar nicht sonderlich brennend zu wissen wünschen. Ich glaube nicht, daß sie sonderlich interessant genannt werden können, außer von denen, deren besonderes Steckenpferd die Atome sind. Aber es schien mir interessant zu sein, daß wir unser Fernrohr und Spektroskop auf die Sonne richten müssen, um diese ganz einfache Eigenschaft eines Stoffes, mit dem wir täglich umgehen, zu erfahren. Es ist eine Art zu messen, die in der Physik ungeheuer wichtig ist. Die Theorie dieser Atomsprünge gehört zu der Quantentheorie, die noch immer die größte Schwierigkeit der Physik bildet; und sie braucht dringend die Leitung durch Beobachtungen an gerade so einem Gegenstand wie diesem. Wir können uns vorstellen, welches Aufsehen es erregen würde, wenn ein Planet nach einer Million von Umläufen um die Sonne einen derartigen Sprung tun würde. Wie eifrig würden wir den durchschnittlichen Abstand zwischen solchen Sprüngen zu bestimmen versuchen! Das Atom ist einem Sonnensystem ziemlich ähnlich und ist wegen seines kleineren Maßstabs nicht weniger beachtenswert.

Es besteht im Augenblick keine Aussicht, die Verweilzeit eines angeregten Calciumatoms auf eine andere Weise zu messen. Es ist indessen möglich gewesen, die entsprechende Zeit für eine oder zwei andere Atomarten durch Versuche im Laboratorium zu bestimmen. Es ist nicht notwendig, daß die Zeit überhaupt für verschiedene Elemente nahezu gleich ist; aber die Messungen im Laboratorium ergaben für Wasserstoff ebenfalls die Periode als ein Hundertmillionstel einer Sekunde, so daß hieraus gegen die astronomische Bestimmung für Calcium kein Einwand zu erheben ist.

Die Anregung des Calciumatoms erfolgt durch Licht von zwei bestimmten Wellenlängen, und die Atome in der Chromosphäre erhalten sich dadurch schwebend, daß sie das Sonnenlicht dieser beiden Bestandteile berauben. Zwar tritt nach einer hundertmillionstel Sekunde ein Rückschlag ein, und das Atom muß wieder herausgeben, was es sich angeeignet hat; aber bei der Rückstrahlung ist es gleich wahrscheinlich, ob das Licht nach außen oder nach innen geschickt wird, darum erleidet das *nach außen dringende* Sonnenlicht einen größeren Verlust, als es wiedererlangt. Infolgedessen zeigt das Sonnenspektrum Lücken oder dunkle Linien bei den beiden betreffenden Wellenlängen, wenn wir die Sonne durch diesen Mantel von Calcium sehen. Diese Linien werden mit den Buchstaben H und K bezeichnet. Sie sind nicht ganz schwarz, und es ist wichtig, das übrig bleibende Licht in der Mitte der Linien zu messen, weil wir wissen, daß seine Stärke gerade groß genug sein muß, um die Calciumatome unter dem Einfluß der Sonnenschwerkraft schwebend zu erhalten; sobald das nach außen dringende Licht so schwach geworden ist, daß es keine Atome mehr tragen kann, kann es keine weitere Plünderungen erleiden, und dringt mit dieser übrig bleibenden Energie nach außen. Die Messungen geben Zahlenangaben, aus denen man die Konstanten des Calciumatoms einschließlich der oben erwähnten Verweilzeit berechnen kann.

Die Atome in der obersten Schicht der Chromosphäre ruhen auf dem geschwächten Licht, das durch den darunterliegenden Schirm hindurchgegangen ist; das volle Sonnenlicht würde sie fortblasen. MILNE hat eine Folgerung gezogen, die sich vielleicht auf die Explosion der „neuen Sterne" oder Novae praktisch anwenden läßt und auf jeden Fall höchst beachtenswert ist. Nach dem Dopplereffekt absorbiert ein bewegtes Atom eine vom ruhenden Atom merklich verschiedene Wellenlänge, darum wird sich ein Atom, wenn es sich aus irgendeinem Grunde von der Sonne fortbewegt, auf Licht stützen, das ein wenig neben der stärksten Absorption liegt. Da dieses Licht stärker ist als das, was das Gleichgewicht herstellt, läßt es das Atom sich schneller bewegen. Die eigene Absorption des Atoms entfernt sich schrittweise von der Absorption des darunterliegenden Schirms. Bildlich ausgedrückt: das Atom ist schwankend auf der Spitze der Absorptionslinie ausbalanciert und kann leicht an der einen Seite ins volle Sonnenlicht fallen. Offenbar müßte die Geschwindigkeit des Atoms immer weiter wachsen, bis es eine benachbarte Absorptionslinie (die vielleicht zu einem andern Element gehört) erreicht; wenn diese Linie zu stark ist, um sie zu übersteigen, bleibt das Atom auf halbem Wege stecken, und die Geschwindigkeit bleibt an einen festen Wert gebunden. Diese letzten Folgerungen mögen ziemlich weit hergeholt sein, aber auf jeden Fall zeigt diese Beweisführung, daß das Calciumatom möglicherweise so in den äußeren Raum entweichen kann.

Mit Hilfe von MILNES Theorie können wir das ganze Gewicht der Calciumchromosphäre der Sonne berechnen. Ihre Masse beträgt etwa 300 Millionen Tonnen. Man erwartet kaum, eine so niedrige Zahl in der Astronomie anzutreffen. Es ist weniger als der Tonnengehalt, der von den englischen Eisenbahnen jedes Jahr befördert wird. Ich denke, die Sonnenbeobachter müssen sich ziemlich betrogen fühlen, wenn sie die Arbeit bedenken, die sie auf dieses luftige Nichts verwandt haben. Aber die Wissenschaft verachtet Kleinigkeiten nicht. Und die Astronomie kann auch dann noch lehrreich sein, wenn sie zuweilen zu ganz kleinen Zahlen kommt.

Die Geschichte der Beteigeuze.

Diese Geschichte hat nicht viel mit Atomen zu tun und paßt kaum unter den Titel dieser Vorlesungen; aber wir haben Gelegenheit gehabt, Beteigeuze als das berühmte Beispiel eines Sterns von großem Umfang und geringer Dichte zu erwähnen, und seine Geschichte hängt nahe zusammen mit einigen Betrachtungen, mit denen wir uns beschäftigen.

Kein Stern erscheint als eine Scheibe, die so groß ist, daß man sie mit unsern gegenwärtigen Fernrohren sehen kann. Wir können ausrechnen, daß eine Linse oder ein Spiegel von etwas 6 m Durchmesser nötig sein würde, um von den größten Sternscheiben gerade noch Spuren zu zeigen. Stellen Sie sich einen Augenblick vor, wir hätten ein Instrument von dieser Größe gebaut. Bei welchem Stern wäre es am aussichtsreichsten, es zu versuchen?

Vielleicht drängt sich der Sirius zuerst auf, weil er der hellste Stern am Himmel ist. Aber der Sirius hat eine weißglühende Oberfläche und strahlt sehr stark, so daß er nicht notwendig eine große Ausdehnung zu haben braucht. Offensichtlich würden wir einen Stern vorziehen, dessen Oberfläche trotz seiner Helligkeit nur schwach glüht; denn dann muß die erscheinende Helligkeit auf einer großen Oberfläche beruhen. Wir brauchen also einen Stern, der sowohl rot als auch hell ist. Die Beteigeuze scheint diese Bedingung am besten zu erfüllen. Sie ist der hellere der beiden Schultersterne des Orion — der einzige beträchtliche rote Stern in dem Sternbild. Es gibt noch einen oder zwei andere Sterne, darunter den Antares, die man möglicherweise vorziehen könnte; aber wir können nicht weit fehlgehen, wenn wir in der Hoffnung, die größte oder annähernd die größte Sternscheibe zu finden, unser neues Instrument auf Beteigeuze richten.

Sie bemerken vielleicht, daß ich die Entfernungen dieser Sterne nicht berücksichtigt habe. Aber auf die Entfernung kommt es nicht an. Sie würde wichtig sein, wenn wir den Stern mit den größten wirklichen Abmessungen finden wollten; aber hier liegt uns an dem Stern, der die größte scheinbare Scheibe darbietet[1], d. h. die größte Fläche am Himmel einnimmt. Wenn wir zweimal so weit von der Sonne entfernt wären als jetzt, würden wir nur ein Viertel so viel Licht erhalten; aber die Sonne würde in der Hälfte ihrer gegenwärtigen Linearausdehnung erscheinen, und ihre scheinbare Fläche ein Viertel sein. So bleibt das Licht pro Flächeneinheit der Scheibe durch den Abstand unverändert. Wenn wir die Sonne mehr und mehr entfernen, wird ihre Scheibe zwar kleiner, aber nicht weniger hell leuchtend erscheinen, bis sie so weit weg ist, daß man die Scheibe nicht mehr erkennen kann.

Durch spektroskopische Untersuchung wissen wir, daß Beteigeuze eine Oberflächentemperatur von etwa 3000⁰ hat. Eine Temperatur von 3000⁰ ist im Laboratorium nicht unerreichbar, und wir wissen teils durch Erfahrung, teils durch die Theorie, wie stark in diesem Zustand die Strahlung an der Oberfläche ist. So läßt sich leicht berechnen, eine wie große Fläche vom Himmel Beteigeuze einnehmen muß, damit die Fläche, multipliziert mit der Stärke der Strahlung, die beobachtete Helligkeit der Beteigeuze ergibt. Die Fläche ergibt sich als sehr klein. Die scheinbare Größe der Beteigeuze ist die eines Pfennigstücks in einer Entfernung von 80 km. In wissenschaftlichem Maß ist der durch Rechnung bestimmte Durchmesser der Beteigeuze 0,051 Bogensekunden.

Kein wirkliches Fernrohr kann eine so kleine Scheibe zeigen. Wir wollen kurz betrachten, wie ein Fernrohr ein Bild erzeugt — insbesondere, wie es die Einzelheiten und den Gegensatz von Helligkeit und Dunkelheit hervorbringt, die verraten, daß wir auf eine Scheibe oder einen Doppelstern und nicht einen aus einem einzelnen Punkt hervorgehenden Flekken sehen. Diese optische Leistung nennt man das Auflösungsvermögen; es ist in erster Linie nicht von der Vergrößerung, sondern von dem Durchmesser der Objektivlinse abhängig,

---

[1] Der „scheinbare" Durchmesser ist die Breite der Scheibe, als Winkel gemessen; der „wahre" Durchmesser ist die Breite im Längenmaß.

und die Grenze der Auflösung ist durch den Durchmesser des Fernrohrobjektivs bestimmt.

Um ein scharfes Bild zu erzeugen, darf das Fernrohr nicht nur dahin Licht bringen, wo Licht sein soll, sondern auch Dunkelheit dahin, wo Dunkelheit sein soll. Das letztere ist das Schwierigere. Lichtwellen suchen sich in allen Richtungen auszubreiten, und das Fernrohr kann die einzelnen kleinen Wellen nicht daran hindern, sich nach Teilen des Bildes auszubreiten, wo sie nichts zu suchen haben. Aber es hat hierfür ein Gegenmittel: Für jede kleine Welle, die verkehrt geht, muß es eine zweite Welle auf einem ein wenig längeren oder kürzeren Wege schicken, so daß sie mit der ersten Welle in entgegengesetzter Phase ankommt und ihre Wirkung vernichtet. Hieraus entspringt der Nutzen eines großen Objektivs: es gibt für die einzelnen kleinen Wellen größere Wegunterschiede, so daß die von der einen Seite der Linse denen eines andern Teils gegenüber relativ verzögert sind und mit ihnen interferieren. Schon eine kleine Objektivlinse kann Licht ergeben; man braucht eine große Objektivlinse, um auch Dunkelheit in dem Bild zu erhalten.

Nun können wir uns fragen, ob die gewöhnliche kreisförmige Linse notwendigerweise am wirkungsvollsten sein muß, um den kleinen Wellen die verlangten Gangunterschiede zu geben. Irgendeine Abweichung von einer symmetrischen Form wird wahrscheinlich die Schärfe des Bildes zerstören — helle und dunkle Streifen erzeugen. Das Bild wird dem gesehenen Gegenstand nicht sehr ähnlich sein. Aber auf der andern Seite können wir so vielleicht die charakteristischen Züge verschärfen. Es ist gleichgültig, wie weit das Bild von seinem Gegenstand abweicht, vorausgesetzt, daß wir die Zeichen des Bildes richtig zu deuten verstehen. Wenn wir eine Sternscheibe nicht abbilden können, wollen wir versuchen, ob wir etwas abbilden können, was wenigstens das Vorhandensein einer Kreisscheibe beweist.

Eine kurze Überlegung zeigt, daß wir die Sache verbessern, wenn wir die Mitte der Objektivlinse verdecken und nur die äußersten Bereiche auf der einen und der andern Seite benutzen. Für diese Bereiche ist der Unterschied des Lichtwegs der Wellen am größten, und sie sind am besten geeignet, den dunklen Kontrast zu erzeugen, der notwendig ist, um das Bild genau auszumessen.

Aber wenn die Mitte der Objektivlinse nicht benutzt zu werden braucht, warum sich die Kosten für ihre Herstellung machen? Wir werden zu dem Gedanken geführt, zwei weit getrennte Objektive zu benutzen, von denen jedes aus verhältnismäßig kleinen Linsen oder Spiegeln besteht. Wir kommen so zu einem ähnlichen Instrument wie einem Entfernungsmesser.

Dieses Instrument zeigt uns nicht die Scheibe eines Sterns. Wenn wir hineinsehen, ist der Haupteindruck des Sternbilds sehr ähnlich dem, was wir mit jedem einfachen Objektiv gesehen haben würden — eine „falsche Scheibe", umgeben von Beugungsringen. Aber wenn wir aufmerksam hinsehen, erkennen wir, daß dies Bild von dunklen und hellen Streifen durchkreuzt ist, die durch die Interferenz zwischen den Lichtwellen aus beiden Objektiven erzeugt sind. In der Mitte des Bildes kommen die Wellen von beiden Objektiven gleichzeitig an, weil sie symmetrisch auf gleichen Wegen gekommen sind; demgemäß ist dort ein heller Streifen. Ein wenig daneben bewirkt die Unsymmetrie, daß der Berg der einen Welle auf ein Tal der andern fällt, so daß sie einander vernichten; dort ist ein dunkler Streifen. Die Breite der Streifen nimmt ab, wenn der Abstand der beiden Objektive wächst; für jeden Abstand läßt sich die zugehörige Streifenbreite leicht berechnen.

Jeder Punkt der Sternscheibe erzeugt ein Beugungsbild mit einem solchen Streifensystem, aber solange die Scheibe klein ist im Vergleich zu den feinsten Einzelheiten des Beugungsbilds, stört die Verschwommenheit nicht. Wenn wir die Entfernung beider Objektive stetig vergrößern und so die Streifen enger werden lassen, kommt ein Augenblick, wo die hellen Streifen des einen Teils der Scheibe auf die dunklen

Streifen eines andern Teils der Scheibe fallen. Das Streifensystem wird dann undeutlich. Es ist eine Sache mathematischer Berechnung, die Wirkung der Überlagerung der Streifensysteme für jeden Teil der Scheibe zu bestimmen. Es läßt sich zeigen, daß für einen bestimmten Abstand der Objektive die Streifen alle verschwinden; bei größerem Abstand erscheint das Streifensystem wieder, erreicht aber nicht seine ursprüngliche Schärfe. Das vollständige Verschwinden tritt ein, wenn der Durchmesser der Sternscheibe $1\,{}^1/_5$ mal so groß ist wie die Streifenbreite (von der Mitte eines hellen Streifens bis zum nächsten). Wie schon gesagt, läßt sich die Streifenbreite aus dem bekannten Abstand der Objektive berechnen.

Die Beobachtung besteht darin, daß man die beiden Objektive so weit voneinander entfernt, bis die Streifen verschwinden. Der Durchmesser der Scheibe läßt sich sofort aus dem Abstand beim Verschwinden der Streifen bestimmen. Obgleich wir so die Größe der Scheibe messen, können wir sie doch nie *sehen*.

Wir können das Wesen dieser Methode folgendermaßen zusammenfassen: Das Bild eines Lichtpunkts in einem Fernrohr ist nicht ein Punkt, sondern eine kleine Beugungsfigur. Wenn wir darum nach einem ausgedehnten Gegenstand, etwa dem Mars, sehen, so verschleiern die Beugungsbilder die feinen Einzelheiten der Zeichnung auf dem Planeten. Wenn wir indessen nach einem Stern sehen, der fast ein Punkt ist, ist es einfacher, den Gedanken umzukehren: Wenn der Gegenstand kein idealer Punkt ist, werden die Einzelheiten des Beugungsbildes ein wenig verwaschen. Wir werden die Verschwommenheit nur bemerken, wenn das Beugungsbild Einzelheiten besitzt, die fein genug sind, um darunter zu leiden. Beteigeuze müßte wegen ihrer endlichen Größe theoretisch ein verwaschenes Beugungsbild haben; aber die gewöhnliche Beugungsscheibe und die Ringe, wie sie von den größten Fernrohren erzeugt werden, sind zu ungenau, um dies zu zeigen. Wir stellen ein Beugungsbild mit feineren Einzelheiten her, wenn wir zwei

Objektive verwenden. Theoretisch können wir die Einzelheiten so fein machen, wie wir wollen, indem wir den Abstand beider Objektive vergrößern. Die Methode besteht demgemäß darin, den Abstand so lange zu vergrößern, bis das Bild fein genug wird, um von der Beteigeuze merklich verschleiert zu werden. Für eine kleinere Sternscheibe würde dieselbe Verschleierung erst sichtbar werden, wenn die Einzelheiten durch weitere Vergrößerung des Abstands beider Objektive noch feiner gemacht wären.

Diese Methode wurde schon vor langer Zeit von Professor MICHELSON angegeben, aber erst im Jahre 1920 hat er sie in großem Maßstab mit einem 20 Fuß langen Strahlengang mit dem 100zölligen Reflektor der Mount-Wilson-Sternwarte erprobt. Nach vielen Versuchen konnten PEASE und ANDERSON zeigen, daß die hellen und dunklen Streifen für die Beteigeuze verschwanden, wenn die Objektive 10 Fuß voneinander entfernt waren. Der abgeleitete Durchmesser betrug 0,045 Bogensekunden und stimmte hinreichend gut mit dem vorhergesagten Wert (S. 73) überein. Nur fünf oder sechs Sterne haben Scheiben, die so groß sind, daß sie sich mit diesem Instrument messen lassen. Man versteht, daß man den Bau eines 50 Fuß großen Interferometers plant, aber selbst das wird für die große Mehrheit der Sterne unzureichend sein. Wir können uns mit Recht darauf verlassen, daß die zuerst beschriebene Berechnungsmethode die richtigen Sterndurchmesser liefert, aber die Bestätigung durch die direktere MICHELSONsche Messungsmethode ist stets wünschenswert.

Um die wirkliche Größe des Sterns aus seinem scheinbaren Durchmesser abzuleiten, müssen wir die Entfernung kennen. Beteigeuze ist ein ziemlich ferner Stern, und seine Entfernung kann nicht sehr genau gemessen werden, aber die Unsicherheit verändert nicht die allgemeine Größenordnung der Ergebnisse. Der Durchmesser beträgt gegen 500 Millionen Kilometer. Beteigeuze ist so groß, daß sie für die ganze Erdbahn in sich Platz hat, vielleicht sogar für die Bahn des Mars. Ihr Volumen ist gegen 50 Millionen mal so groß wie das der Sonne.

Es gibt keinen direkten Weg, die Masse der Beteigeuze zu bestimmen, weil sie keinen Begleiter bei sich hat, dessen Bewegung sie beeinflussen könnte. Wir können indessen die Masse aus der Beziehung zwischen Masse und Helligkeit in Abb. 7 bestimmen. Die so erhaltene Masse ist 35mal so groß wie die der Sonne. Wenn das Ergebnis richtig ist, ist Beteigeuze einer der massereichsten Sterne — aber natürlich nicht im Verhältnis zu ihrer Größe. Die mittlere Dichte ist ungefähr ein Millionstel von der des Wassers oder nicht viel mehr als ein Tausendstel von der Dichte der Luft[1].

Dies ist ein Weg, auf dem wir abgeleitet haben könnten, daß die Beteigeuze weniger dicht ist als die Sonne, selbst wenn wir keine theoretischen Gründe oder Analogien zur Schätzung ihrer Masse gehabt hätten. Nach der neuen Gravitationstheorie müßte eine Kugel von der Größe der Beteigeuze und derselben mittleren Dichte wie die Sonne einige bemerkenswerte Eigenschaften haben:

Erstens würde wegen der großen Stärke der Gravitation kein Licht nach außen dringen können; und alle nach außen geschossenen Strahlen würden durch ihr eigenes Gewicht auf den Stern zurückfallen.

Sodann würde die EINSTEIN-Verschiebung (die wir benutzten, um die Dichte des Begleiters des Sirius zu bestimmen) so groß sein, daß das Spektrum bis zu seinem völligen Verschwinden verschoben würde.

Drittens erzeugt Masse eine Krümmung des Raums, und in diesem Falle würde die Krümmung so stark sein, daß der Raum um den Stern geschlossen sein würde und uns draußen ließe, daß wir sozusagen *nirgendwo* wären.

Abgesehen von der letzten Erwägung scheint es jammerschade zu sein, daß die Dichte der Beteigeuze so niedrig ist.

---

[1] Dichten unter der der Luft sind für einige veränderliche Sterne vom Algoltyp nach einer ganz andern Bestimmungsmethode gefunden worden und auch für einige veränderliche Sterne vom δ Cepheityp nach einer noch anderen Methode. Es gibt also viele andere Beispiele für eine mit der der Beteigeuze vergleichbare Ausdehnung.

Es ist jetzt ganz deutlich geworden, daß die Sterne eine sehr wichtige Ergänzung für das physikalische Laboratorium darstellen — eine Art Abteilung für hohe Temperaturen, wo das Verhalten der Materie unter Verhältnissen untersucht werden kann, die von denen auf der Erde wesentlich verschieden sind. Als Astronom fasse ich die Beziehung natürlich etwas anders und betrachte das physikalische Laboratorium als eine zu den Sternen hinzugefügte Station für tiefe Temperaturen. Gerade die Bedingungen im Laboratorium sollten als anormal betrachtet werden. Abgesehen von der Wolke zwischen den Sternen, die die mäßige Temperatur von etwa 15000° hat, vermute ich, daß neun Zehntel der Materie des Weltalls über 1 000 000° heiß ist. Unter *gewöhnlichen* Bedingungen — Sie verstehen meinen Sprachgebrauch — hat die Materie ziemlich einfache Eigenschaften. Aber es gibt im Weltall Ausnahmegegenden mit Temperaturen, die nicht weit vom absoluten Nullpunkt entfernt sind, wo die physikalischen Eigenschaften der Materie sehr verwickelt werden; die Ionen umgeben sich mit vollständigen Elektronensystemen und werden Atome, wie wir sie auf der Erde kennen. Unsere Erde ist einer dieser kalten Plätze, und hier können die seltsamsten komplizierten Gebilde entstehen. Und vielleicht das Seltsamste von allem: einige von diesen komplizierten Gebilden können sich zusammensetzen und Betrachtungen über den Sinn des Ganzen anstellen.

Dritte Vorlesung.

Das Alter der Sterne.

Wir haben gesehen, daß in der Masse der Mensch ungefähr in der Mitte steht zwischen dem Atom und dem Stern. Ich möchte gern einen ähnlichen Vergleich in Bezug auf die Zeit anstellen. Die Spanne des Menschenlebens kommt vielleicht in die Mitte zwischen dem Leben eines angeregten Atoms (S. 69) und dem Leben eines Sterns. Für die, die auf größere Genauigkeit bestehen, will ich — obgleich ich für die vorliegende Schätzung des Lebens eines Sterns keine Genauigkeit beanspruchen möchte — dies ein wenig abändern. In Bezug auf die Masse ist der Mensch dem Atom etwas zu nahe, und das Nilpferd würde die Mittelstellung mit mehr Recht beanspruchen können. In Bezug auf die Zeit sind 70 Jahre ein wenig zu nahe den Sternen, und man würde besser einen Schmetterling einsetzen.

Diese Geschichte hat eine ernsthafte Moral. Wir werden Zeiträume zu betrachten haben, die unsere Einbildungskraft erschrecken. Wir scheuen uns, solche Wechsel auf das Konto der Ewigkeit auszustellen. Und doch ist die Unermeßlichkeit des Zeitmaßstabs bei der Sternentwicklung *weniger* entfernt von dem Maßstab menschlicher Erfahrung als die Kleinheit des Zeitmaßstabs der im Atom untersuchten Vorgänge.

Wir werden uns dem „Alter der Sterne" auf Umwegen nähern, und gewisse uns zufällig begegnende Probleme werden uns auf dem Wege aufhalten.

Pulsierende Sterne.

Der Stern δ Cephei ist einer der veränderlichen Sterne. Wie bei Algol sendet uns sein schwankendes Licht eine Botschaft. Aber wenn die Botschaft entziffert ist, ähnelt sie nicht im geringsten der des Algol.

Ich will gleich vorausschicken, daß die Sachverständigen in der Deutung der Botschaft von δ Cephei nicht einig sind. Hier ist nicht der Ort, die Sache zu erörtern oder auszuführen, warum ich glaube, daß man andere Deutungen ablehnen muß. Ich kann nur erzählen, was nach meinem festen Glauben die wahre Geschichte ist. Die Deutung, der ich mich anschließe, wurde von PLUMMER und SHAPLEY gegeben. Namentlich der letztere machte sie sehr überzeugend, und die folgende Entwicklung geht, wie mir scheint, dahin, sie zu bestätigen. Ich behaupte indessen nicht, daß alle Zweifel beseitigt sind.

Algol besteht, wie sich herausstellte, aus einem Paar sehr nahe benachbarter Sterne, die von Zeit zu Zeit einander verfinstern; δ Cephei ist ein einzelner Stern mit veränderlichem Licht. Er ist eine Kugel, die sich in einer regelmäßigen Periode von $5\,^{1}/_{3}$ Tagen symmetrisch ausdehnt und zusammenzieht. Und da die Ausdehnung und Zusammenziehung der Kugel große Druck- und Temperaturschwankungen im Innern verursacht, steigt und fällt der nach außen fließende Lichtstrom in seiner Stärke und verändert sich auch in seiner Eigenschaft oder Farbe.

Hier ist von Verfinsterungen keine Rede; die Lichtsignale haben nicht die Form von „Strichen" und „Punkten"; auf jeden Fall zeigt die Veränderung der Farbe, daß es sich um eine Veränderung in dem physikalischen Zustand der Lichtquelle handelt. Aber bei den ersten Erklärungen wurde stets angenommen, daß es sich um *zwei* Sterne handle, und man versuchte, die physikalischen Änderungen mit einer Kreisbewegung in Verbindung zu setzen. Man behauptete z. B., daß der Hauptstern sich auf seiner Kreisbahn durch ein widerstrebendes Medium bewege, das seine Vorderseite erwärme; so verändere sich das Licht des Sterns, je nachdem die erwärmte Vorderseite oder die kältere Rückseite uns zugewandt wäre. Die Deutung durch eine Kreisbahn ist jetzt unmöglich geworden, weil man fand, daß dort buchstäblich kein Raum für zwei Sterne ist. Die zuerst vermutete Kreisbahn ist auf dem gewöhnlichen Wege durch spektroskopische Messungen der Annäherungs- und Abkehrgeschwindigkeit bestimmt worden; später begannen wir mehr über die wahre Größe der Sterne kennen zu lernen, zuerst durch Rechnung und danach (für einige Sterne) durch direkte Messung. Es stellte sich heraus, daß der Stern groß und die Bahn klein war, und wenn der zweite Stern vorhanden wäre, hätte er im *Innern* des Hauptsterns untergebracht werden müssen. Diese Überdeckung der Sterne ist eine *reductio ad absurdum* der Doppelsternhypothese; man muß daher eine andere Deutung finden.

Was man als Annäherung und Zurückweichen des Sterns als Ganzen gedeutet hatte, war in Wirklichkeit die Annäherung und das Zurückweichen der Oberfläche, wie sie sich beim Pulsieren hob und senkte. Die Sterne, die sich wie δ Cephei verändern, sind gasförmige Sterne, viel größer als die Sonne, und die ganze Ortsveränderung beträgt nur einen Bruchteil des Sternradius. Man braucht daher keine körperliche Verlagerung des Sterns (Bahnbewegung) anzunehmen; aus den Messungen ergibt sich eine Oszillation des uns zugewandten Teils der Sternoberfläche.

Die Feststellung, daß δ Cephei ein einzelner Stern und kein Doppelstern ist, führt unmittelbar zu einer Folgerung: Sie besagt, daß die Periode von $5\,{}^1/_3$ Tagen eine *innere* Eigenschaft des Sterns ist und darum zur Klärung seines physikalischen Zustands beitragen kann. Es ist eine freie, keine erzwungene Periode. Es ist wichtig, sich die Bedeutung davon klar zu machen. Die Zahl der Sonnenflecken verändert sich von einem Maximum zu einem Minimum und wieder zurück zu einem Maximum in einer Periode von etwa $11\,{}^1/_2$ Jahren; obwohl wir bisher den Grund dieser Schwankung nicht kennen, nehmen wir an, daß diese Periode für die Sonne in ihrem gegenwärtigen Zustand charakteristisch ist und sich ändern würde, sobald irgendeine bemerkenswerte Veränderung auf der Sonne eintreten würde. Früher dachte man jedoch daran, ob nicht die Schwankung der Sonnenflecken durch den Umlauf des Planeten Jupiter hervorgerufen sein könnte, der ungefähr dieselbe Umlaufszeit hat; wenn diese Deutung haltbar gewesen wäre, wäre die $11\,^1/_2$ jährige Periode etwas der Sonne von außen Aufgezwungenes gewesen und würde uns nichts über die Eigenschaften der Sonne selbst lehren. Da wir uns überzeugt haben, daß die Lichtperiode von δ Cephei eine freie Periode eines einzelnen Sterns ist, die zu ihm genau so gehört, wie ein bestimmter Ton zu einer Stimmgabel, können wir sie als ein wertvolles Anzeichen für die Unveränderlichkeit (oder ihr Gegenteil) des physikalischen Zustands im Stern ansehen.

In der Stellarastronomie sind wir gewöhnlich sehr zufrieden, wenn wir unsere Daten — Parallaxe, Radius, Masse, absolute Helligkeit usw. — mit einer Genauigkeit von $5\,^0/_0$ bestimmen können; aber die Messung einer Periode bietet Aussicht auf eine weit höhere Genauigkeit. Ich glaube, daß die am genauesten bekannte Zahl in der ganzen Wissenschaft (außer der reinen Mathematik) die mittlere Umlaufszeit des Mondes ist, die man gewöhnlich in zwölf Stellen angibt. Die Periode von δ Cephei kann wenigstens auf sechs Stellen genau bestimmt werden. Dadurch, daß wir eine beobachtbare Periode mit dem inneren Zustand eines Sterns in Zusammenhang gebracht haben, haben wir ein empfindliches Mittel, das auch ganz geringe Veränderungen anzeigt. Sie werden nun erraten, warum ich auf meinem Weg zum „Alter der Sterne" den Umweg über die veränderlichen Sterne vom Typus des δ Cephei mache. Bisher sind sie die einzigen Sterne, bei denen man ein empfindliches Mittel kennt, durch das man hoffen kann, die Geschwindigkeit der Entwicklung zu bestimmen. Wir glauben, daß δ Cephei sich wie andere Sterne aus einem Nebel zusammengeballt hat und daß die Zusammenballung und Kontraktion noch jetzt anhält. Niemand würde erwarten, die Kontraktion durch unsere rohen Bestimmungen des Radius ermitteln zu können, auch wenn er 100 Jahre fortführe; aber die Entwicklung muß in der Tat langsam sein, wenn eine bis auf $^1/_{1000000}$ meßbare Periode in einem Jahrhundert keine Veränderung zeigt.

6*

Es macht wenig aus, ob wir die Natur dieser inneren Periode kennen oder nicht. Wenn sich ein Stern zusammenzieht, ändert sich die Periode des Pulsierens, die Rotationsperiode oder irgendeine andere damit verbundene freie Periode. Wenn Sie lieber einer der anderen Deutungen der Botschaft von δ Cephei folgen wollen, können Sie die nötigen Änderungen an der Fassung meiner Beweisführung vornehmen, aber die Hauptentscheidung für die Geschwindigkeit des Entwicklungsfortschritts bleibt unverändert. Nur wenn Sie die Periode vom Stern selbst fortnehmen und zur alten Doppelsterndeutung zurückkehren, bricht die Begründung zusammen; aber ich glaube nicht, daß einer der andern Forscher dies vorschlägt.

Es ist selbstverständlich, daß diese pulsierenden Sterne mit besonderer Aufmerksamkeit betrachtet werden. Gewöhnliche Sterne muß man ehrfürchtig betrachten, wie die Gegenstände in den Glaskästen der Museen, in unseren Fingern zuckt es, sie anzufassen und zu sehen, wie fest sie sind. Pulsierende Sterne sind wie die herrlichen Modelle im naturwissenschaftlichen Museum, die mit einem Knopf versehen sind, auf den man drücken kann, um den Apparat in Bewegung zu setzen. Den mit größter Lebhaftigkeit schlagenden Mechanismus in einem Stern sehen zu können, ist für die Entwicklung unseres Wissens äußerst lehrreich.

Die Theorie eines beständigen Sterns, die in der ersten Vorlesung beschrieben wurde, kann auch auf pulsierende Sterne übertragen werden; und wir können die freie Periode des Pulsierens eines Sterns von bekannter Masse und Dichte berechnen. Sie werden sich erinnern, daß wir bereits die Wärmeausstrahlung oder Helligkeit berechnet und mit der Erfahrung verglichen haben und dabei eine befriedigende Bestätigung für die Wahrheit der Theorie erhielten; jetzt können wir die Periode des Pulsierens berechnen und durch Vergleich mit der Erfahrung eine neue Bestätigung erhalten. Da uns die Kenntnis einer bestimmten Konstante über das Material der Sterne fehlt, besteht in der Rechnung eine Ungenauigkeit, die ungefähr durch einen Faktor 2 dargestellt wird; d. h. wir berechnen zwei Perioden, eine doppelt so groß als die andre, zwischen denen bei einigem Glück die wahre Periode liegen müßte. Die Bestätigung durch die Beobachtung ist sehr gut. Es gibt 16 veränderliche Sterne der Art von δ Cephei, an denen man die Probe machen kann; ihre Perioden schwanken zwischen 13 Stunden und 35 Tagen, und sie stimmen alle mit den berechneten Werten innerhalb der erwarteten Genauigkeitsgrenzen überein. Auf weniger direktem Wege zeigte sich dieselbe Bestätigung auf Abb. 7 durch die gute Übereinstimmung der Quadrate, die veränderliche Sterne vom δ-Cepheityp darstellen, mit der theoretischen Kurve.

Die Cepheiden als „Normalkerzen“.

Veränderliche Sterne vom δ-Cepheityp mit der gleichen Periode sind einander sehr ähnlich. Ein Cepheide mit einer Periode von $5^{1}/_{3}$ Tag, der in irgendeinem Teil des Weltalls gefunden wird, ist praktisch eine Wiederholung von δ Cephei; insbesondere ist er ein Stern von der gleichen absoluten Helligkeit. Diese Tatsache ist durch Beobachtung gefunden und aus der Theorie bisher noch nicht abgeleitet worden. Die Helligkeit hängt, wie wir gesehen haben, hauptsächlich von der Masse ab, die Periode hängt anderseits hauptsächlich von der Dichte ab, so daß die beobachtete Beziehung zwischen Helligkeit und Periode zugleich eine Beziehung zwischen Masse und Dichte einschließt. Vermutlich zeigt diese Beziehung an, daß bei einer gegebenen Masse gerade eine bestimmte Dichte vorhanden ist — eine Stufe im Lauf der Verdichtung des Sterns —, bei der das Pulsieren eintreten muß; bei andern Dichten kann der Stern nur stetig brennen.

Diese Eigenschaft macht die Cepheiden den Astronomen außerordentlich nützlich. Sie dienen als Normalkerze — als Lichtquelle von bekannter Stärke.

Auf einem gewöhnlichen Wege können wir die *wahre* Helligkeit eines Lichts, wenn wir nur danach sehen, nicht angeben. Wenn es matter scheint, kann das entweder wirkliche Schwäche oder große Entfernung bedeuten. Des Nachts auf

See sieht man viele Lichter, deren Abstand und wahre Helligkeit man nicht schätzen kann; das Urteil über die wahre Helligkeit kann um den Faktor von einer Quintillion falsch sein, wenn man irrtümlich den Arktur für das Licht eines Schiffes hält. Aber dazwischen bemerkt man vielleicht ein Licht, das in einer bestimmten Anzahl von Sekunden eine regelmäßige Reihe von Veränderungen erleidet; das besagt, daß es ein gewisser Leuchtturm ist, von dem man weiß, daß er ein Licht von so und so viel tausend Kerzen aussendet. Jetzt kann man mit Sicherheit schätzen, wie weit er entfernt ist — vorausgesetzt natürlich, daß kein Nebel dazwischenkommt.

So ist es auch, wenn wir aufsehen zum Himmel: Die meisten Lichter, die wir sehen, können in jeder beliebigen Entfernung sein und jede beliebige wahre Helligkeit haben. Selbst die feinsten Messungen der Parallaxe könnten nur die Entfernungen einiger der näheren Lichter bestimmen. Aber wenn wir ein Licht nach der Art der Cepheiden mit einer Periode von $5^{1}/_{3}$ Tagen winken sehen, dann wissen wir, daß das ein Abbild von δ Cephei und ein Licht von 700 Sonnenstärken ist. Oder wenn die Periode irgendeine andere Anzahl von Tagen beträgt, können wir die zu dieser Periode gehörige Sonnenstärke bestimmen. Daraus können wir die Entfernung schätzen. Die scheinbare Helligkeit, die durch Entfernung und wahre Helligkeit bestimmt ist, ist gemessen; dann ist es eine einfache Rechnung, die Frage zu beantworten: In welcher Entfernung muß sich ein Licht von 700 Sonnenstärken befinden, damit es die beobachtete scheinbare Helligkeit ergibt? Wie aber ist es, wenn Nebel dazwischen kommt? Man hat sorgfältige Beobachtungen angestellt, und es zeigt sich, daß trotz der kosmischen Wolke im Weltenraum gewöhnlich keine meßbare Absorption oder Zerstreuung des Sternenlichts auf seinem Wege zu uns eintritt.

Mit den Cepheiden als Normalkerzen sind die Entfernungen der Sterne im Weltall weit über das durch frühere Methoden erreichte Maß ausgemessen worden. Wenn es sich nur um Entfernungen der Cepheiden handeln würde, wäre das

nicht so wichtig, aber man hat eine viel weitergehende Kenntnis erzielt.

Abb. 11[1] zeigt einen berühmten Sternhaufen, genannt
ω Centauri. Unter den Tausenden von Sternen in dem Haufen sind nicht weniger als 76 veränderliche Sterne vom

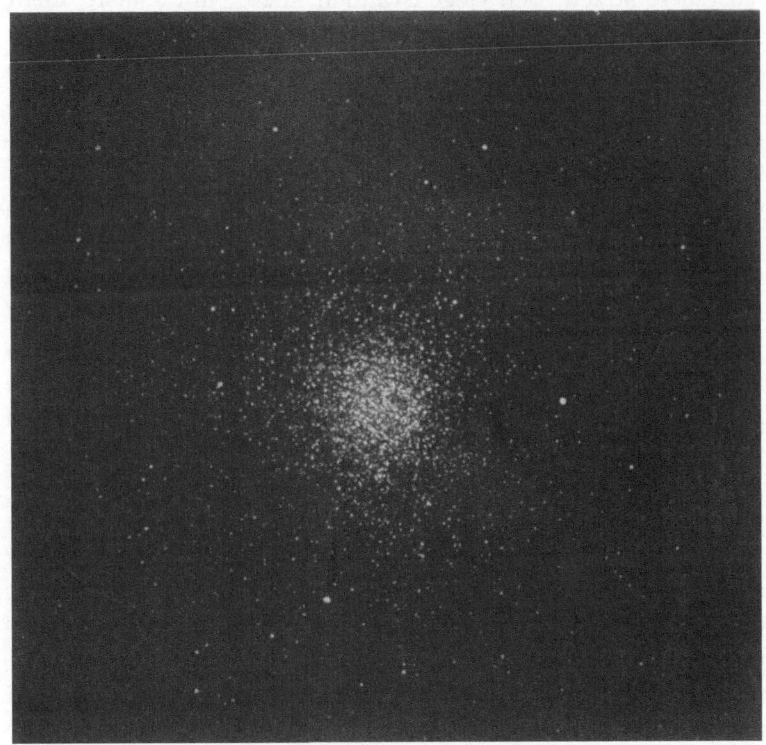

Abb. 11. Der Sternhaufen ω Centauri.

δ-Cepheityp entdeckt worden. Jeder ist eine Normalkerze, die
man zur Messung der Entfernung benutzen kann, zunächst
seiner eigenen, aber daneben auch des großen Haufens, in dem
er liegt. Die 76 Messungen stimmen ausgezeichnet unterein-
ander überein, die mittlere Abweichung beträgt weniger als

---

[1] Nach einer vom Royal Observatory vom Kap der guten Hoffnung aufgenommenen Photographie.

5°/₀. Hierdurch bestimmte SHAPLEY die Entfernung des Haufens als 20 000 Lichtjahre. Die Nachricht, die wir heute durch das Licht erhalten, ist vom Haufen vor 20 000 Jahren abgesandt worden[1].

Der Astronom lernt mehr als andre Wissenschaftler den Vorteil schätzen, den Gegenständen, die er untersucht, nicht zu nahe zu sein. Die näheren Sterne sind zwar sehr schön nahe, aber es ist sehr umständlich, wenn man sich mitten unter ihnen befindet; denn jeder Stern muß einzeln behandelt und seine richtige Entfernung durch eingehende Messungen bestimmt werden; das macht viel Arbeit. Aber wenn wir die Entfernung dieses fernen Haufens bestimmen, erhalten wir mit einem Schlag die Entfernungen von vielen tausend Sternen. Wenn die Entfernung bekannt ist, kann man die scheinbaren Helligkeiten in wahre Helligkeiten umrechnen und Statistiken und Beziehungen zwischen absoluter Helligkeit und Farbe ermitteln. Sogar ehe der Abstand gefunden ist, kann man an den Sternen in Haufen viel lernen, was man schlecht an weniger entfernten Sternen herausfinden könnte. Wir können sehen, daß die Cepheiden weit über der durchschnittlichen Helligkeit liegen und von verhältnismäßig wenig Sternen übertroffen werden. Wir können finden, daß je heller ein Cepheide, um so länger seine Periode ist. Wir entdecken, daß die hellsten Sterne alle rot sind[2]. Und so weiter. Aber das Bild hat eine Kehrseite: die einzelnen Lichtpunkte in dem fernen Klumpen lassen sich nur sehr schlecht messen und analysieren, und man darf auf keinen Fall die näheren Sterne übergehen; aber die Tatsache bleibt bestehen, daß es gewisse Zweige bei der Erforschung der Sterne gibt, wo sich die

---

[1] Zum Vergleich: der nächste Fixstern ist 4 Lichtjahre entfernt. Außer bei Haufen haben wir es selten mit Entfernungen über 2000 Lichtjahren zu tun.

[2] Wir können nicht immer sicher sein, daß, was für Haufensterne gilt, auch für Sterne im allgemeinen gilt; und unsere Kenntnis von den näheren Sternen, obgleich sie weit hinter der von Sternen in Haufen zurückbleibt, stimmt mit dieser Verbindung von Farbe und Helligkeit nicht ganz überein.

große Entfernung als wirklicher Vorteil erweist, und wir wenden uns von den näheren Sternen zu den Gegenständen, die 50 000 Lichtjahre entfernt sind.

Man kennt gegen 80 kugelförmige Haufen in Entfernungen zwischen 20 000 und 200 000 Lichtjahren. Gibt es etwas noch Ferneres? Man hat schon lange vermutet, daß die Spiralnebel[1], die ungemein zahlreich zu sein scheinen, außerhalb unseres Sternsystems liegen und „Inselwelten" bilden. Diese Vermutung ist allmählich immer wahrscheinlicher geworden, und jetzt glaubt man, daß sie endgültig bestätigt ist. Im Jahre 1924 entdeckte HUBBLE im großen Andromedanebel, der der größte und wahrscheinlich einer der nächsten Spiralnebel ist, eine Anzahl von Cepheiden. Sobald ihre Perioden bestimmt waren, ließen sie sich als Normalkerzen verwerten, um den Abstand des Nebels zu messen. Ihre scheinbare Größe war viel kleiner als die der entsprechenden Cepheiden in Kugelhaufen, das bewies, daß sie noch weiter entfernt sein müssen. HUBBLE hat seitdem den Abstand von einem oder zwei anderen Spiralnebeln auf dieselbe Weise bestimmt.

Mit bloßem Auge ist der Andromedanebel als ein schwacher Lichtpunkt zu sehen. Wenn man danach sieht, blickt man 900 000 Jahre zurück in die Vergangenheit.

Die Kontraktionshypothese.

Das Problem, hinreichende Energiemengen zu beschaffen, um die Ausstrahlung der Sonne an Licht und Wärme zu unterhalten, ist von Astronomen und andern oft erörtert worden. Im vorigen Jahrhundert zeigten HELMHOLTZ und KELVIN, daß die Sonne ihre Wärme für eine sehr lange Zeit dadurch erhalten könnte, daß sie beständig zusammenschrumpft. Die Kontraktion enthält eine Annäherung oder einen Fall der Materie gegen den Mittelpunkt; potentielle Energie der Gravitation wird so umgewandelt und als Wärme verfügbar gemacht. Man nahm

---

[1] Der Ausdruck Nebel umfaßt eine Reihe von Gegenständen, von denen nur die Spiralnebel wahrscheinlich außerhalb unseres Sternensystems liegen.

an, daß dies die einzige Quelle sei, weil man kein anderes Mittel kannte, das auch nur annähernd einen so großen Betrag liefern konnte. Aber der Vorrat ist nicht unbegrenzt, und nach dieser Hypothese darf man die Entstehung der Sonne nicht auf mehr als vor 20 000 000 Jahren ansetzen. Schon zu der Zeit, von der ich spreche, fand man diese Zeitgrenze als hinderlich; aber KELVIN versicherte den Geologen und Biologen, daß sie sich mit den Ausdehnungen der Erdentwicklung innerhalb dieser Zeit einrichten müßten.

Zu Beginn des gegenwärtigen Jahrhunderts war die Kontraktionshypothese in der seltsamen Lage, allgemein anerkannt und allgemein unberücksichtigt gelassen zu werden. Während nur wenige die Hypothese zu bestreiten wagten, schien niemand, wenn es ihm paßte, zu zögern, die Erd- oder Mondgeschichte in eine Zeit zurückzuverlegen, die weit vor der vermuteten Ära der Bildung des Sonnensystems lag. Lord KELVINS Schöpfungsdatum wurde mit ebensowenig Respekt behandelt wie das des Erzbischofs USSHER (der es auf 4004 v. Chr. ansetzte).

Die wichtigen Folgen dieser Hypothese werden besonders deutlich, wenn wir die gasförmigen Sterne mit hoher Leuchtkraft betrachten; diese haben eine verschwenderische Fülle an Energie und verschleudern diese hundert- oder tausendmal schneller als die Sonne. Die haushälterische Sonne könnte mit ihrer Kontraktionsenergie 20 000 000 Jahre lang ausgekommen sein, aber für die Sterne mit hoher Leuchtkraft wird diese Grenze auf 100 000 Jahre herabgedrückt. Dies gilt für die meisten mit bloßem Auge sichtbaren Sterne. Dürfen wir glauben, daß sie in den letzten 100 000 Jahren entstanden sind? Ist das Alter der Menschheit größer als das der jetzt scheinenden Sterne? Durchlaufen die Sterne im Andromedanebel ihre Entwicklung in kürzerer Zeit, als ihr Licht braucht, um zu uns zu kommen?

Es ist viel leichter, die Begrenzung dieses Zeitmaßstabs als lästig zu empfinden, wenn man sonst wahrscheinliche und reizvolle Vorstellungen und Erklärungen verfolgt, als bestimmte Beweise gegen diesen Zeitmaßstab zu führen. Ich glaube nicht, daß die Astronomen auf ihrem eigenen Gebiet Waffen zu einem unmittelbaren Angriff auf die Helmholtz-Kelvinsche Hypothese hatten, bis die veränderlichen Cepheiden eine lieferten. Um zu Zahlen zu kommen: δ Cephei sendet mehr als 700 mal so viel Wärme aus wie die Sonne. Wir kennen seine Masse und seinen Radius und können ohne Schwierigkeit berechnen, wie schnell sich der Radius verringern muß, um diese Wärme zu liefern. Der gesuchte Bruchteil ist $^1/_{40\,000}$ im Jahr. Nun wurde δ Cephei zuerst im Jahre 1785 sorgfältig untersucht, so daß in der Zeit, während der er beobachtet wurde, der Radius sich um $^1/_{300}$ verändert haben müßte, wenn die Kontraktionshypothese richtig wäre. Sie erinnern sich, daß wir in δ Cephei ein sehr empfindliches Zeichen für alle in ihm vorgehenden Veränderungen haben, nämlich die Periode des Pulsierens; selbstverständlich könnten Veränderungen von der obigen Größe nicht eintreten, ohne dieses Zeichen zu stören. Zeigt die Periode irgendeine Veränderung? Das ist zweifelhaft; man hat vielleicht ausreichende Gewißheit für eine kleine Änderung, aber es ist nicht mehr als $^1/_{200}$ der durch die Kontraktionshypothese geforderten Änderung.

Wenn wir die Theorie von dem Pulsieren annehmen, müßte sich die Periode jedes Jahr um 17 Sekunden verringern — eine leicht meßbare Größe. Die wirkliche Änderung ist höchstens $^1/_{10}$ Sekunde im Jahr. Wenigstens im Cepheidenstadium werden die Sterne von irgendeiner anderen Energiequelle gespeist, als der durch die Kontraktion gewährten.

Bei einer so wichtigen Frage sollten wir möglichst nicht auf ein einziges Argument unbedingten Glauben setzen, und daher suchen wir bei den Schwesterwissenschaften andere und vielleicht entscheidendere Beweise. Physikalische und geologische Forschungen scheinen endgültig zu entscheiden, daß das Alter der Erde — von einem Zeitabschnitt an gerechnet, der keineswegs bis auf ihren Anfang als Planet zurückgeht — bei weitem größer als die Helmholtz-Kelvinsche Schätzung des Alters des Sonnensystems ist. Gewöhnlich legt man großes Gewicht auf die Bestimmung des Alters der Gesteine aus dem Verhältnis von Uran und Blei in ihren Bestandteilen. Uran zerfällt mit einer bekannten Geschwindigkeit in Blei und Helium. Da Blei in seinen chemischen Eigenschaften von Uran verschieden ist, würden die beiden Elemente nicht von selbst zusammen abgelagert sein; darum ist mit Uran zusammen gefundenes Blei wahrscheinlich durch Umwandlung aus ersterem entstanden[1]. Durch die Messung, wieviel Blei mit Uran zusammen vorkommt, kann man das Alter der Ablagerung des Urans bestimmen. Man fand, daß das Alter der älteren Gesteine gegen 1200 Millionen Jahre sei; von einigen Forschern sind niedrigere Schätzungen aufgestellt worden, aber keine ist niedrig genug, um die Kontraktionshypothese zu retten. Die Sonne muß natürlich viel älter sein als die Erde und ihre Felsen.

Wir scheinen einen Zeitmaßstab nötig zu haben, der wenigstens 10 000 000 000 Jahre für das Alter der Sonne zuläßt; sicherlich können wir unsere Ansprüche nicht unter 1 000 000 000 Jahre herabsetzen. Man muß sich nach einer ergiebigeren Energiequelle umsehen, um die Wärme der Sonne und der Sterne durch eine so lange Zeit zu erhalten. Wir können den Umkreis, in dem wir zu suchen haben, sofort einengen: Keine Energiequelle ist von irgendwelchem Nutzen, wenn sie nicht Wärme tief im Innern des Sterns frei macht. Die Schwierigkeit des Problems liegt nicht nur im Unterhalt der Strahlung, sondern in der Erhaltung der inneren Wärme, die die unter dem Einfluß der Schwere stehende Masse vor dem Zusammenstürzen bewahrt. Sie werden sich erinnern, wie wir in der ersten Vorlesung jedem Punkt im Innern der Sterne eine gewisse Wärmemenge zuschreiben mußten, um den Stern im Gleichgewicht zu erhalten. Aber die Wärme strömt im Innern beständig fort nach der kühleren Außenseite und entweicht dann als Strahlung des Sterns in den Raum. Diese muß ersetzt

---

[1] Dies kann nachgeprüft werden, weil Uranblei ein etwas anderes Atomgewicht hat als anders entstandenes Blei. Gewöhnlich ist Blei eine Mischung aus mehreren Atomarten (Isotopen).

werden, wenn der Stern unverändert bleiben soll — wenn er sich nicht zusammenziehen und nach dem KELVINschen Zeitmaßstab entwickeln soll. Und man kann sie nicht an der Oberfläche des Sterns ersetzen — etwa durch Beschießung des Sterns mit Meteoren. Sie kann nicht gegen das Temperaturgefälle strömen und wird daher bei der ersten Gelegenheit als Zusatzstrahlung entweichen. Man kann kein Temperaturgefälle unterhalten, indem man Wärme an dem unteren Ende zuführt. Wärme muß am oberen Ende, d. h. tief im Innern des Sterns zugeführt werden.

Weil wir uns eine äußere Wärmequelle, die im Innern des Sterns Wärme abzugeben vermag, nicht gut vorstellen können, scheint die Ansicht, daß ein Stern in seinem Lauf Energie aufnimmt, endgültig ausgeschieden zu sein. *Daraus folgt, daß der Stern in seinem Innern die Energie verborgen hält, die für den Rest seines Lebens genügen muß.*

Energie hat Masse. Viele würden lieber sagen: Energie ist Masse; aber wir brauchen uns darüber nicht auseinanderzusetzen. Die wesentliche Tatsache ist die, daß ein Erg Energie in jeder Form eine Masse von $1,1 \cdot 10^{-21}$ Gramm hat. Das Erg ist die gebräuchliche wissenschaftliche Energieeinheit; aber man kann Energie auch in Gramm oder Tonnen messen, wie alles andere, was Masse besitzt. Es gibt keinen triftigen Grund, warum Sie sich nicht ein Pfund Licht bei einem Elektrizitätswerk kaufen sollten — wenn es nicht mehr wäre, als Sie wahrscheinlich gebrauchen werden, und bei heutigen Preisen über 2 000 000 000 ℳ kosten würde. Wenn Sie all dieses Licht (Ätherwellen) zwischen den spiegelnden Wänden eines geschlossenen Gefäßes aufbewahren könnten und dann das Gefäß wögen, würde zu dem gewöhnlichen Gewicht des Gefäßes noch ein Pfund hinzukommen, nämlich das Gewicht des Lichts. Man sieht, daß ein Gegenstand vom Gewicht einer Tonne nicht mehr als eine Tonne Energie enthalten kann; und die Sonne mit einer Masse von 2000 Quadrillionen Tonnen (S. 20) kann nicht mehr als höchstens 2000 Quadrillionen Tonnen Energie besitzen.

Energie von $1{,}8 \cdot 10^{54}$ Erg hat eine Masse von $2 \cdot 10^{33}$ Gramm; das ist die Masse der Sonne. Infolgedessen ist dies die Gesamtsumme der Energie, die die Sonne besitzt — die Energie, die für sie für den ganzen Rest ihres Lebens reichen muß[1]. Wir wissen nicht, wieviel davon in Wärme oder Strahlung verwandelt werden kann; wenn sich alle verwandeln läßt, reicht sie aus, um die Sonnenstrahlung im gegenwärtigen Umfang 15 Billionen Jahre zu unterhalten. Oder anders ausgedrückt: die aus der Sonne jährlich ausgestrahlte Wärme hat eine Masse von 120 Billionen Tonnen; und wenn dieser Massenverlust anhielte, würde nach Ablauf von 15 Billionen Jahren keine Masse übrig geblieben sein.

Inneratomare Energie.

Dieser Energievorrat ist, mit unbedeutenden Ausnahmen, Energie des Atom- und Elektronenbaus, das bedeutet inneratomare Energie. Die meiste ist für den Bau der Elektronen und Protonen aufgewandt — der einfachen negativen und positiven elektrischen Ladungen — aus denen die Materie besteht; sie kann darum nicht frei werden, ohne daß diese zerstört werden. Der größte Teil des Energievorrats in einem Stern kann nicht zur Strahlung verwandt werden, ohne daß die Materie, aus der der Stern besteht, vernichtet wird.

Es ist möglich, daß das Leben des Sterns ziemlich lange dauert, ehe er diesen Hauptteil seines Energievorrats anzugreifen braucht. Ein kleiner Teil des Vorrats kann durch einen weniger tief einschneidenden Vorgang als die Vernichtung

---

[1] Sie werden sich wundern, daß ich jetzt annehme, daß die Sonne genau 2000 Quadrillionen Tonnen Energie besitzt, nachdem ich früher gesagt hatte, daß sie *höchstens* diese Energiemenge besitzt. Das liegt in Wirklichkeit nur an der Ausdrucksweise, die von der wissenschaftlichen Definition der Energie abhängt. Alle Masse ist Masse von etwas, und jetzt nennen wir dies „Etwas" Energie, ob es nun eine der bekannten Energieformen ist oder nicht. Sie werden im nächsten Satz sehen, daß wir nicht annehmen, die Energie lasse sich in bekannte Formen verwandeln, daß es sich also um eine reine Frage der Bezeichnung handelt, die uns zu nichts verpflichtet.

der Materie frei werden, und dieser mag ausreichen, die Sonne ungefähr 10 000 000 000 Jahre brennen zu lassen; das ist vielleicht schon so lange, wie wir überhaupt vernünftigerweise verlangen können. Dieser weniger einschneidende Vorgang besteht in der Verwandlung der Elemente. Hier haben wir einen Punkt erreicht, wo uns eine Entscheidung freisteht: Entweder können wir uns an die bloße Verwandlung der Elemente halten und uns mit einem ziemlich engen Zeitmaßstab zufrieden geben, oder wir können die Vernichtung der Materie selbst annehmen, und das ergibt einen sehr weiten Zeitmaßstab. Aber eine dritte Möglichkeit sehe ich gegenwärtig nicht. Lassen Sie mich den Beweisgang noch einmal durchlaufen: Zuerst fanden wir, daß die Kontraktionsenergie hoffnungslos zu klein war; dann fanden wir, daß die Energie im Innern des Sterns frei werden müsse, so daß sie aus einer inneren, nicht einer äußeren Quelle kommt; jetzt schätzen wir den ganzen inneren Energievorrat ab. Wir fanden keine Quelle von irgendwelcher Wichtigkeit, bis wir zur Betrachtung der Elektronen und Atomkerne kamen; hier kann eine beträchtliche Energiemenge durch Wiedervereinigung von Protonen und Elektronen zu Atomkernen (Verwandlung von Elementen) und eine viel größere Menge durch ihre Vernichtung frei werden.

Die Verwandlung der Elemente — der alte Traum der Alchimisten — ist durch die Verwandlung der radioaktiven Substanzen verwirklicht worden. Uran verwandelt sich langsam in ein Gemisch von Blei und Helium. Aber keiner der bekannten radioaktiven Vorgänge ergibt auch nur im entferntesten genug Energie, um die Sonnenwärme zu unterhalten. Der einzig in Frage kommende Betrag an durch Verwandlung frei werdender Energie tritt beim ersten Anfang der Entwicklung der Elemente auf.

Wir müssen beim Wasserstoff anfangen. Das Wasserstoffatom besteht einfach aus einer positiven und einer negativen Ladung, einem Proton als Kern mit einem Elektron als Planetelektron. Wir wollen seine Masse 1 nennen. Vier Wasserstoffatome ergeben ein Heliumatom. Wenn die Masse des

Heliumatoms genau 4 wäre, würde das beweisen, daß alle
Energie der Wasserstoffatome im Heliumatom erhalten geblieben ist. Aber in Wirklichkeit ist seine Masse 3,97; darum
muß Energie von der Masse 0,03 während der Bildung des
Heliums aus Wasserstoff entwichen sein. Bei der Vernichtung von 4 Gramm Wasserstoff müssen 4 Gramm Energie frei
geworden sein, aber bei der Verwandlung in Helium werden nur
0,03 Gramm Energie frei. Einer von beiden Vorgängen muß
benutzt werden, um die Sonnenwärme zu liefern, wenn auch,
wie schon gesagt, der zweite einen viel kleineren Betrag gibt.

Die Energie wird darum frei, weil in dem Heliumatom nur
zwei von den vier Elektronen als Planetelektronen zurückbleiben, die beiden andern werden zusammen mit den vier
Protonen zu dem Heliumkern verschmolzen. Wenn man eine
positive und eine negative Ladung nahe zusammenbringt, ruft
man eine Energieveränderung des elektrischen Feldes hervor
und befreit elektrische Energie, die sich als Ätherwellen ausbreitet. Auf diese Weise sind die 0,03 Gramm Energie verloren gegangen. Der Stern kann die Ätherwellen absorbieren
und als Wärme verwenden.

Wir können vom Helium zu höheren Elementen fortschreiten, aber dabei wird nicht mehr viel Energie frei. Ein Sauerstoffatom z. B. kann aus 16 Wasserstoffatomen oder 4 Heliumatomen hergestellt werden; aber so genau wir das sagen können,
hat es gerade das Gewicht der 4 Heliumatome, so daß nicht
merklich mehr Energie frei wird, wenn Wasserstoff in Sauerstoff, als wenn er in Helium verwandelt wird[1]. Dies wird
klarer, wenn man die Masse des Wasserstoffatoms als 1,008
nimmt, so daß die Masse des Heliums genau 4 und die des
Sauerstoffs 16 ist; denn man weiß aus den Untersuchungen
von Dr. ASTON mit dem Massenspektrographen, daß die
Atome anderer Elemente Massen haben, die sehr nahe an
ganzen Zahlen liegen. Der Verlust von 0,008 für jedes Wasser

---

[1] ASTON hat in seinen letzten Untersuchungen feststellen können,
daß das Sauerstoffatom gerade noch merkbar leichter ist als die
4 Heliumatome.

stoffatom tritt näherungsweise bei jedem daraus gebildeten Element ein.

Die Ansicht, daß die Energie eines Sterns aus dem Aufbau anderer Elemente aus Wasserstoff gewonnen wird, hat den großen Vorteil, daß dabei an der Möglichkeit des Prozesses kein Zweifel besteht, während wir keine Gewißheit haben, daß Materie in der Natur wirklich vernichtet werden kann. Ich übergehe die behauptete Verwandlung von Wasserstoff in Helium im Laboratorium; diejenigen Forscher, auf deren Autorität ich mich verlasse, sind durch diese Versuche nicht überzeugt. Für mich ist das *Vorhandensein* von Helium der beste Beweis dafür, daß die *Bildung* von Helium möglich ist. Die vier Protonen und zwei Elektronen, die seinen Kern bilden, müssen sich zu irgendeiner Zeit und an irgendeinem Ort vereinigt haben; und warum nicht in den Sternen? Als sie sich vereinigten, mußte die überflüssige Energie frei werden und eine ergiebige Wärmequelle darstellen. Dies weist in erster Linie darauf hin, daß die Umwandlung wahrscheinlich im Innern eines Sterns vor sich geht, weil dort ohne Zweifel eine ergiebige Wärmequelle wirksam ist. Ich bin mir bewußt, daß viele Kritiker die Zustände in den Sternen nicht für ungewöhnlich genug halten, um diese Verwandlung zustande zu bringen — die Sterne sind nicht heiß genug. Gegen die Kritiker gibt es eine naheliegende Entgegnung: wir lassen sie nach einem *heißeren Ort* suchen.

Aber da scheint man nicht weiter zu kommen. In der Astronomie sprechen viele Anzeichen dafür, daß die Hypothese, die die Energie des Sterns auf die Umwandlung von Wasserstoff zurückführt, nicht ausreicht. Man kann ihr vielleicht das rasche Freiwerden der Energie im frühsten (Riesen-)Stadium zuschreiben, wenn der Stern ein großer gasförmiger Körper ist, der gewaltige Menge Wärme ausstrahlt; aber die Energie im späteren Leben scheint von einer Quelle zu kommen, die andern Emissionsgesetzen unterworfen ist. Es ist sehr wahrscheinlich, daß beim Altern eines Sterns ein großer Teil der Materie, aus der er ursprünglich bestand, verloren geht, und dies kann anscheinend nur durch Vernichtung der Materie möglich sein. Der Beweis ist indessen nicht ganz schlüssig, und ich glaube nicht, daß wir zu einer endgültigen Entscheidung kommen können. Im ganzen scheint die Hypothese von der Vernichtung der Materie mehr zu versprechen, und ich werde mich in der kurzen Besprechung der Sternentwicklung, die ich geben will, für sie entscheiden.

Die Redensart von der „Vernichtung der Materie" klingt ziemlich phantastisch. Wir wissen bisher nicht, ob sie auf natürliche Weise eintreten kann oder nicht, aber es gibt keinen einleuchtenden Grund dagegen. Die letzten Bestandteile der Materie sind winzige positive und negative Ladungen, die man als Mittelpunkte entgegengesetzter Arten von Spannungszuständen im Äther darstellen kann. Wenn man diese zusammenfließen lassen könnte, würden sie sich gegenseitig aufheben, und es würde nichts übrig bleiben, als eine Erregung im Äther, die sich als elektromagnetische Welle ausbreitet und die bei der Aufhebung der Spannung frei gewordene Energie fortträgt. Die Menge dieser Energie ist erstaunlich groß; durch Vernichtung eines einzigen Wassertropfens würden wir für ein Jahr 200 Pferdekräfte erhalten. Wir werfen einen begehrlichen Blick auf diesen Vorrat, ohne indessen die Hoffnung zu hegen, jemals das Geheimnis ihrer Befreiung zu entdecken. Wenn es sich herausstellen sollte, daß die Sterne das Geheimnis entdeckt haben und den Vorrat verwenden, um ihre Wärme zu erhalten, würde unsere Aussicht auf endgültigen Erfolg beträchtlich steigen.

Ich vermute, daß viele Physiker die inneratomare Energie für ein Feld luftiger Spekulation halten. Aber das ist sie für den Astronomen nicht. Wenn zugegeben wird, daß sich die Sterne viel langsamer entwickeln, als man nach der Kontraktionshypothese annehmen müßte, so ist die Messung der Ergiebigkeit an inneratomarer Energie eine der gewöhnlichsten astronomischen Messungen — die Messung der Wärme oder des Lichts des Sterns[1]. Die Samm-

---

[1] Die Messung des Wärmestroms aus einer stetigen Wärmequelle ist eine Messung der Ergiebigkeit der Quelle, wenn sich keine Energie

lung der Beobachtungsergebnisse über die Lebhaftigkeit des Freiwerdens inneratomarer Energie gehört zum Geschäft der praktischen Astronomie, und wir müssen den üblichen Weg verfolgen, wie man die Messungen in einem gewissen Zusammenhang anordnen muß, um festzustellen, in welcher Weise die Ergiebigkeit von Temperatur, Dichte oder Alter des betreffenden Stoffs abhängt — kurz: die Gesetze der Emission zu entdecken. Von hier an mag die Diskussion mehr oder weniger hypothetisch werden, je nach dem Temperament des Forschers, und in der Tat kommt wahrscheinlich in diesem wie in andern Zweigen der Wissenschaft der Fortschritt durch einen richtigen Gebrauch der wissenschaftlichen Phantasie. Leere Spekulation muß bei diesem, wie bei jedem andern Gegenstand verbannt sein, und hier brauchen wir sie gar nicht; es handelt sich um eine Induktion aus Beobachtungen mit gebührender Berücksichtigung unserer theoretischen Kenntnisse über die im Atombau liegenden Möglichkeiten.

Ich kann diesen Gegenstand nicht verlassen ohne die durchdringende Strahlung zu erwähnen, deren Vorhandensein in unserer Atomsphäre wir lange kennen und die nach den Untersuchungen von KOHLHÖRSTER und MILLIKAN aus dem Weltenraum kommt. Das Durchdringungsvermögen ist ein Zeichen von kurzer Wellenlänge und starker Konzentration der Energie. Bisher wurde das größte Durchdringungsvermögen von den Gammastrahlen erreicht, die durch inneratomare Vorgänge in radioaktiven Stoffen erzeugt werden. Die kosmische Strahlung hat ein noch größeres Durchdringungsvermögen, und es scheint vernünftig, sie auf eingreifendere Vorgänge im Atom zu beziehen, wie sie als Quelle der Energie der Sterne naheliegen. MILLIKAN hat sorgfältige Mes-

---

zwischen dem Erzeugen und dem Ausströmen aufstaut. Das Zusammenbrechen des KELVINSCHEN Zeitmaßstabs beweist, daß die Stauung in den Sternen (positive oder negative) und damit auch die Ausdehnung und Zusammenziehung sich im Vergleich mit der Ergiebigkeit der Ausstrahlung vernachlässigen läßt.

sungen angestellt und schließt daraus, daß die Eigenschaften mit denen übereinstimmen, die die durch die Umwandlung des Wasserstoffs ausgelöste Strahlung haben müßte; sie ist nicht durchdringend genug, um einem so einschneidenden Vorgang wie der Vernichtung von Protonen und Elektronen zugeschrieben zu werden.

Es scheint kein Zweifel daran zu bestehen, daß diese Strahlung vom Himmel herabkommt. Dies ergibt sich aus Messungen ihrer Stärke bei verschiedenen Höhen in der Atmosphäre und bei verschiedenen Tiefen unterhalb der Oberfläche von Gebirgsseen; sie wird schwächer mit der Luft- oder Wassermenge, durch die sie hindurchgehen mußte. Wahrscheinlich liegt ihr Ursprung außerhalb der Erde. Ihr Stärke ändert sich nicht mit der Höhe der Sonne; sie kommt also nicht von der Sonne. Es scheint fast so, als ob sie sich mit der Stellung der Milchstraße veränderte, daß die Strahlung am stärksten ist, wenn der größte Teil des Sternensystems oben ist. Sie kann nicht aus dem *Innern* der Sterne kommen, weil ihr Durchdringungsvermögen dafür zu klein ist; all die heißeste und dichteste Materie ist von uns durch undurchdringliche Mauern abgesperrt. Sie kann höchstens aus der äußeren Rinde der Sterne kommen, wo die Temperatur mäßig und die Dichte gering ist; aber wahrscheinlicher liegt ihre wichtigste Quelle in den diffusen Nebeln oder vielleicht in der Materie, die die allgemeine Wolke im Weltenraum bildet[1].

Wir müssen die weitere Entwicklung abwarten, bis wir den vermuteten inneratomaren Ursprung dieser Strahlung anders als spekulativ behandeln können; wir erwähnen dies hier nur als einen möglichen Weg für den Fortschritt. Es wird von großer Wichtigkeit sein, ob wir auf diesem Wege den Vorgang näher kennen lernen können, den wir als Ursprung der

---

[1] Alle Sterne zusammen bedecken am Himmel eine viel kleinere Fläche als die scheinbare Sonnenscheibe, darum können wir ihre Oberflächenschichten, wenn sie diese Strahlung nicht in viel größerer Fülle erzeugen, wie die Sonne, nicht dafür verantwortlich machen.

Energie der Sterne annehmen, und die Nachrichten, die die kosmischen Strahlen uns überbringen und die sich auf diese Vorgänge beziehen, verdienen die höchste Aufmerksamkeit. Unsere Ansichten über die Energie der Sterne hängen besonders von einem entscheidenden Punkt ab: Bisher haben wir gewöhnlich vorausgesetzt, daß die ganz hohe Temperatur im Innern eines Sterns eine der wesentlichen Bedingungen für das Freiwerden der inneratomaren Energie ist und daß eine dementsprechend hohe Dichte ebenfalls wichtig ist. Theoretisch würde es fast unglaublich scheinen, daß der Aufbau höherer Elemente oder die Vernichtung von Protonen und Elektronen in Gegenden, wo Zusammenstöße selten sind und wo keine hohe Temperatur oder starke Strahlung vorhanden ist, die die Atome aus ihrer Trägheit erweckt, mit einer merklichen Stärke vor sich geht; aber je mehr wir die Schwierigkeiten aller Theorien über das Freiwerden der inneratomaren Energie erkennen, um so weniger sind wir geneigt, irgendeine Möglichkeit als unglaubwürdig zu verdammen. Das Vorhandensein von Natrium und Calcium in der kosmischen Wolke, von Helium und Nebulium in diffusen Nebeln, von Titan und Zirkon in großen Mengen in der Atmosphäre der jüngsten Sterne beweist, daß die Entwicklung der Elemente bereits während des nebelhaften Zustands vor der eigentlichen Sternbildung weit fortgeschritten ist — falls nicht wirklich unser Universum aus den Trümmern einer früheren Schöpfung aufgebaut ist. Von diesem Gesichtspunkt aus ist es richtig, wenn wir im freien Raum Zeichen einer inneratomaren Wirksamkeit wahrnehmen. Aber der Physiker wird wohl über dies Problem den Kopf schütteln. Wie lassen sich vier Protonen und zwei Elektronen zu einem Heliumkern vereinigen, wenn das Medium so dünn ist, daß der freie Weg Tage dauert? Der einzige Trost ist, daß die Art und Weise dieses Vorgangs (bei dem gegenwärtigen Stand unseres Wissens) unter sämtlichen Dichte- und Temperaturbedingungen so unbegreifbar ist, daß wir ihn in den Nebel verlegen können — nach dem Grundsatz: Das ist gehüpft wie gesprungen.

Die Entwicklung der Sterne.

Vor 20 Jahren schien die Entwicklung der Sterne ganz einfach zu sein. Die Sterne sind zuerst ganz heiß und kühlen sich allmählich ab, bis sie ganz verlöschen.

So gesehen, gibt die Temperatur eines Sterns den Stand der Entwicklung an, den er erreicht hat. Der ungefähre Umriß dieser Stufenfolge wurde durch die rohe Beobachtung der Farbe hinreichend angedeutet: weißglühend, gelbglühend, rotglühend. Eine genauere Ordnung der Temperatur erreichte man durch die Untersuchung des Lichts mit dem Spektroskop. Die roten Sterne kamen natürlich in der Stufenfolge zuletzt; sie waren die ältesten Sterne, schon am Rande des Verlöschens. Sir NORMAN LOCKYER kehrte diese Reihenfolge gerade um und nahm in beträchtlichem Umfang die neuere Anschauung voraus; aber die meisten Astronomen hielten bis etwa 1913 an der alten ganz fest.

Vor 10 Jahren erlangte man genauere Kenntnis über die Dichte der Sterne. Es schien wahrscheinlich, daß die Dichte ein direkteres Kriterium für den Entwicklungszustand darstellt als die Temperatur. Falls sich ein Stern aus einer nebelförmigen Masse zusammenballt, muß er im jüngsten Zustand sehr diffus sein; von diesem Zustand aus zieht er sich zusammen und nimmt beständig an Dichte zu.

Aber dies macht eine vollständige Umordnung des Entwicklungsschemas notwendig; denn die Ordnung nach der Dichte stimmt keineswegs mit der Ordnung nach der Oberflächentemperatur überein. Nach der früheren Betrachtungsweise waren alle kalten, roten Sterne alt und im Erlöschen. Aber eine große Zahl von ihnen hat sich jetzt als ungewöhnlich diffus herausgestellt — Sterne wie z. B. Beteigeuze. Diese müssen jetzt als die allerjüngsten Sterne angesehen werden. Nach alledem liegt der Gedanke nahe, daß ein Stern, wenn er sich gerade aus einem nebelförmigen Stoff zusammenzuballen beginnt, mit der niedrigsten Temperaturstufe beginnt. Nicht alle roten Sterne sind diffus; viele, wie Krüger 60, haben eine hohe Dichte, und diese lassen wir ungestört als die Vertreter der letzten Entwicklungsstufe. Beide, die erste und die letzte Periode im Leben eines Sterns sind durch eine niedrige Temperatur gekennzeichnet; in der Zwischenzeit steigt die Temperatur zu einem Maximum an und fällt wieder.

Die von HERTZSPRUNG und RUSSEL aufgestellte „Riesen- und Zwergtheorie" brachte diese Schlüsse in eine ausgezeichnete Ordnung. Sie erkannte eine Reihe von Riesensternen, verhältnismäßig diffuse Sterne mit steigender Temperatur, und eine Reihe von Zwergsternen oder dichten Sternen mit sinkender Temperatur. Die beiden Reihen verschmolzen bei den höchsten Temperaturen. Ein einzelner Stern stieg in seiner Lebenszeit die Riesenreihe bis zu ihrer höchsten Temperatur hinauf und fiel dann die Zwergreihe hinunter. Die Helligkeit blieb im ganzen Riesenstadium ziemlich unverändert, weil das stetige Anwachsen der Temperatur die Verkleinerung der Oberfläche des Sterns ausglich; in dem Zwergstadium verursachte die Abnahme der Temperatur und die Schrumpfung der Oberfläche eine rasche Abnahme der Helligkeit, wenn der Stern die Reihe abwärts durchlief. Dies stimmte mit der Beobachtung überein. Diese Theorie hat die meisten neueren astronophysikalischen Untersuchungen beherrscht und dazu gedient, viele wichtige Tatsachen ans Licht zu bringen. Ein Beispiel muß genügen. Obgleich wir einen Riesen- und einen Zwergstern mit derselben Oberflächentemperatur haben können, die deshalb sehr ähnliche Spektra zeigen, ergibt eine genaue Untersuchung des Spektrums wichtige Verschiedenheiten, und es ist jetzt ganz leicht, aus dem Spektrum festzustellen, ob der Stern ein diffuser Riese oder ein dichter Zwerg ist.

Was die Riesen- und Zwergtheorie anziehend machte, war die einfache Erklärung, die sie für das Steigen und Fallen der Temperatur gibt. Man nahm an, daß der Übergang von der Riesen- zur Zwergreihe dann eintrete, wenn die Dichte einen solchen Grad (etwa ein Viertel der Dichte des Wassers) erreicht hat, daß die Abweichung des Stoffs von einem idealen Gas ins Gewicht fiel. LANE zeigte vor 50 Jahren, daß die Temperatur einer Kugel aus idealem Gas steigen muß, wenn sie sich zusammenzieht, seine Methode zur Bestimmung der inneren Temperatur ist auf S. 5/6 behandelt worden; so konnte man das Steigen der Temperatur eines Riesensterns voraussagen. Aber das Steigen hängt wesentlich von der leichten Zusammendrückbarkeit des Gases ab; und wenn die Zusammendrückbarkeit bei hoher Dichte verloren geht, wird man erwarten, daß an Stelle eines Steigens ein Sinken der Temperatur eintritt, so daß sich der Stern wie ein fester oder flüssiger Körper abkühlt.

Ich habe die Vorstellungen von vor 20 und 10 Jahren ins Gedächtnis zurückzurufen versucht, und Sie dürfen nicht glauben, daß ich vom Standpunkt des gegenwärtigen Wissens alles, was hier mitgeteilt ist, annehmen kann. Ich habe absichtlich offen gelassen, ob ich mit der Wärme eines Sterns die Temperatur im Innern oder an der Oberfläche meine, weil die Vorstellungen in diesem Punkt früher sehr unbestimmt waren; ich bin auf die weißen Zwergsterne nicht eingegangen, die nach der jetzigen Meinung die dichtesten und wahrscheinlich die ältesten von allen Sternen sind. Aber besonders der letzte Abschnitt steht im Widerspruch mit unsern letzten Folgerungen, weil wir nicht länger daran festhalten können, daß die Materie auf den Sternen bei einem Viertel der Dichte des Wassers aufhört, sich als ideales Gas zu verhalten. Unser Ergebnis, daß die Materie auf den dichten Zwergsternen noch ein ideales Gas ist (S. 33), ist ein verhängnisvoller Schlag für diesen Teil der Riesen- und Zwergtheorie.

Es läßt sich schlecht sagen, welche Theorie der Sternentwicklung heute anerkannt ist. Die Theorie befindet sich im Schmelztiegel, und wir warten noch darauf, daß etwas Befriedigendes herauskommt. Die ganze Sache ist zweifelhaft, und wir sind darauf gefaßt, fast alles noch einmal durchzudenken. Vorläufig will ich indessen annehmen, daß die frühere Theorie recht hatte, wenn sie eine Entwicklungsfolge von den diffusesten bis zu den dichtesten Sternen annahm. Obgleich ich diese Annahme mache, bin ich nicht sicher, ob sie zulässig ist. Die frühere Theorie hatte triftige Gründe dafür, die nicht länger zutreffen. Solange man die Kontraktion als Quelle der Wärme eines Sterns annahm, waren Kontraktion und wachsende Dichte der entscheidende Faktor während seiner ganzen Laufbahn; mit der Annahme der inneratomaren Energie hört die Kontraktion auf, diese grundlegende Rolle zu spielen.

Ich schlage vor, die Aufmerksamkeit auf die Zwergsterne[1] zu beschränken, weil gerade bei ihnen der Umschlag eintrat. Sie bilden eine gut bestimmte Reihe, die von hoher zu niedriger Oberflächentemperatur, von großer zu kleiner Helligkeit reicht, und die Dichte steigt stetig durch die Reihe. Wir nennen sie jetzt die Hauptreihe. Sie enthält die große Mehrzahl der Sterne. Um die Vorstellungen genauer festzulegen, wollen wir drei typische Sterne aus der Reihe nehmen: Algol fast an der Spitze, die Sonne fast in der Mitte und Krüger 60 fast unten. Die erforderlichen Zahlenangaben sind in folgendem zusammengestellt:

Stern	Masse (Sonne = 1)	Mittlere Dichte (Wasser = 1)	Temperatur im Mittelpunkt (Millionen Grad)	Temperatur an der Oberfläche (Grad)	Farbe	Helligkeit (Sonne = 1)
Algol . . .	4,3	0,15	40	12 000	weiß	150
Sonne . . .	1	1,4	40	6 000	gelb	1
Krüger 60 .	0,27	9,1	35	3 000	rot	0,01

Man stellt sich die Entwicklung so vor, daß diese die Stufen darstellen, die in der Lebensgeschichte eines einzelnen Sterns durchlaufen werden[2]. Die wachsende Dichte in der dritten

---

[1] Die Bezeichnung „Zwergstern" soll weiße Zwerge nicht mit einschließen.

[2] Wir dürfen kaum annehmen, daß alle Sterne, nachdem sie die Hauptreihe erreicht haben, *genau* dieselben Stufen durchlaufen. Wenn z. B. Algol auf die Masse der Sonne zusammengeschrumpft ist, kann er eine etwas verschiedene Dichte und Temperatur haben. Aber die Beobachtung zeigt, daß diese individuellen Verschiedenheiten klein sind. Die Hauptreihe ist eine fast geradlinige Folge; sie muß sowohl eine gewisse „Breite" als auch eine Länge haben, aber im Augenblick scheint die Streuung der einzelnen Sterne um die mittlere Linie der Folge in der Hauptsache auf die wahrscheinlichen Fehler der Beobachtungsangaben zurückzugehen, und die wahre Breite ist noch nicht bestimmt.

Spalte verdient Beachtung; nach dem von uns angenommenen Kriterium zeigt sie an, daß die Reihenfolge der Entwicklung Algol → Sonne → Krüger 60 ist.

Die Verwechslung von innerer Temperatur und Oberflächentemperatur hat einige Irrtümer der älteren Theorien verursacht. Nach außen hin kühlt sich der Stern beim Durchlaufen der Reihe von 12 000⁰ auf 3000⁰ ab, aber die innere Wärme ändert sich nicht so. Die Temperatur im Mittelpunkt bleibt überraschend beständig. (Die kleine Abnahme, die Krüger 60 offenbar zeigt, kann nicht als besonders zuverlässig angesehen werden.) Es ist sehr bemerkenswert, daß alle Sterne der Hauptreihe im Innern, so gut wir berechnen können, eine Temperatur von 40 Millionen Grad haben. Man kann sich schwer des Eindrucks erwehren, daß mit dieser Temperatur irgendeine ungewöhnliche Eigenschaft verbunden ist, obgleich unser physikalischer Instinkt uns sagt, daß diese Vorstellung sinnlos ist.

Aber der Kernpunkt ist die in der zweiten Spalte dargestellte Abnahme der Masse. *Wenn ein einzelner Stern irgendein Stück des Weges auf der Hauptreihe zurücklegt, muß er Masse verlieren.* Wir können dieselbe Folgerung noch allgemeiner ziehen. Nachdem man jetzt gefunden hat, daß die Helligkeit in der Hauptsache von der Masse abhängt, kann es keine wesentliche Entwicklung schwacher Sterne aus hellen Sternen geben, ohne daß die Sterne einen beträchtlichen Teil ihrer Masse verlieren.

Gerade dieses Ergebnis hat die lebhafte Erörterung der Hypothese von der Vernichtung der Materie veranlaßt. Aller Fortschritt in der Theorie der Sternentwicklung wartet auf eine Entscheidung über diese Hypothese. Wenn sie angenommen ist, liefert sie einen leichten Schlüssel zu diesen Veränderungen. Der Stern erreicht (nachdem er durch das Riesenstadium hindurchgegangen ist) die Stufe des Algol und durchläuft dann durch schrittweise Vernichtung seiner Materie die Hauptreihe, bis er, wenn nur noch $^1/_{16}$ der ursprünglichen Masse übrig geblieben ist, ein schwacher roter Stern wie Krüger 60 wird. Aber wenn es keine Vernichtung der Materie gibt, scheint der Stern unbeweglich festzusitzen, sobald er einmal die Zwergstufe erreicht hat; er muß auf dem Punkt der Reihe stehen bleiben, der seiner konstanten Masse entspricht.

Der strittige Punkt muß klar erkannt werden: Die Sterne verlieren Masse durch ihre Strahlung; das ist keine Frage. Die Sonne verliert jährlich 120 Billionen Tonnen, ob ihre Strahlung nun aus der Vernichtung von Materie oder irgendeiner andern inneren Quelle kommt. Die Frage ist die: Wie lange kann dieser Verlust anhalten? Wenn es keine Vernichtung von Materie gibt, ist alle Masse, die als Strahlung entweichen kann, in verhältnismäßig kurzer Zeit entwichen; die Sonne verlöscht dann, und Verlust und Entwicklung sind zu Ende. Aber wenn es Vernichtung von Materie gibt, hält das Leben der Sonne und der Massenverlust viel länger an, und eine lange Entwicklungslinie liegt vor der Sonne offen; wenn sie drei Viertel ihrer gegenwärtigen Masse verloren hat, ist sie ein schwacher Stern wie Krüger 60 geworden.

Unsere Wahl zwischen den möglichen Theorien der inneratomaren Energie berührt die Entwicklung der Sterne nur in einem Punkt — aber das ist gerade der Kernpunkt. Wenn wir uns gegen die Vernichtung von Materie entscheiden, verkürzen wir das Leben so stark, daß für eine bemerkenswerte Entwicklung überhaupt keine Zeit bleibt.

Ich empfinde dasselbe Bedenken, das jeder empfinden muß, in starkem Maß auf einen hypothetischen Vorgang zu bauen, ohne jede direkte Gewißheit dafür, daß die Naturgesetze sein Eintreten erlauben. Aber es bleibt sonst nur die Wahl, die Sterne in langweiliger Gleichförmigkeit zu lassen, ohne Aussicht auf Entwicklung oder Veränderung, bis ihr Leben zu Ende ist. Irgend etwas ist notwendig, um das Schauspiel zu jener Lebhaftigkeit zu erregen, des Fortschritts oder des Zerfalls, an den wir so lange geglaubt haben. Ziemlich verzweifelt entscheiden wir uns für die eine Möglichkeit, die wir sehen. Das versteinerte System wacht auf. Die kleinsten Teilchen geben eins nach dem anderen ihre Energie ab und

hören auf zu bestehen. Ihr Opfer ist die Lebenskraft der Sterne, die jetzt ihrem hohen Abenteuer entgegengehen:
Atome und Systeme zu Scherben zerschellt,
ein wildes Chaos bald, bald eine Welt[1].

Die Strahlung von Masse.

Unsere erste Einsicht in die Ausdehnung des Zeitmaßstabs der Sternentwicklung erhielten wir auf dem Wege über die Stetigkeit des Zustands auf δ Cephei. Sie wurde unterstützt durch die Erkenntnis der großen Dauer der geologischen Zeiten auf der Erde. Wir konnten uns für die Geschwindigkeit der Sternentwicklung eine obere Grenze und für das Alter der Sterne eine untere Grenze setzen. Aber diese Grenze genügte, die Kontraktionshypothese zu widerlegen und uns zu einer Betrachtung des inneratomaren Energievorrats zu zwingen.

Wir machen jetzt einen neuen Versuch, der von der Überzeugung abhängt, daß *die Geschwindigkeit der Entwicklung durch die Geschwindigkeit bestimmt ist, in der ein Stern seine Masse verlieren kann.* Wir betrachten hier allein die Entwicklung schwacher Sterne aus hellen, und dabei bleibt eine gewisse Entwicklung zum Riesenstadium unberücksichtigt, auf das sich unsere Betrachtung nicht direkt anwenden läßt. Aber wenn man alle Entwicklungslinien zwischen hellen und schwachen Sternen aufgeben wollte, müßte man zugeben, daß ein Stern sich von andern unterscheidet, weil er ursprünglich verschieden war. Das *kann* wahr sein; aber wir dürfen das wichtigste Gebiet der Sternentwicklung nicht kampflos aufgeben.

Bei dem neuen Versuch erhalten wir eine endgültige Bestimmung des Zeitmaßstabs und nicht nur eine untere Grenze. Wir kennen die Geschwindigkeit, mit der jeder Stern auf jeder Stufe Masse durch Strahlung verliert; daher können wir die Zeit bestimmen, die notwendig ist, damit er sich um eine gegebene Masse verringert und dadurch in eine Stufe von kleinerer Masse übergeht. Die Entwicklung vom Algol zur Sonne dauert 5 Billionen Jahre; die Entwicklung von der Sonne zu

---

[1] ALEXANDER POPE, Essai on Man (1733).

Krüger 60 dauert 500 Billionen Jahre. Es ist bemerkenswert, daß Sterne in der Stufe zwischen Sonne und Krüger 60 viel häufiger vorkommen als solche zwischen Algol und Sonne — eine Tatsache, die für die berechnete Dauer der beiden Stufen spricht. Die Häufigkeit der schwachen Sterne wächst indessen nicht so schnell an wie die berechnete Lebensdauer; vielleicht besteht das Sternensystem noch nicht so lange, daß die alten Sterne in ihrer vollen Zahl vorhanden sind.

Ein Stern von größerer Masse als der Algol verschleudert seine Masse rasend schnell, darum vergrößern wir das Alter der Sonne nicht wesentlich, wenn wir annehmen, daß sie mit einer größeren Masse als der Algol angefangen hat. Die obere Grenze für das augenblickliche Alter der Sonne beträgt 5,2 Billionen Jahre, unabhängig von ihrer ursprünglichen Masse.

Aber man kann fragen, ob ein Stern sich nicht dadurch schneller entwickeln kann, daß er auf anderm Wege als durch Strahlung Masse verliert. Können keine Atome durch seine Oberfläche entweichen? Wenn das der Fall ist, wird der Massenverlust und damit die Entwicklung beschleunigt, und die erforderliche Zeit kann vielleicht durch eine andere Theorie von der Verwandlung der Elemente richtig dargestellt werden. Aber es ist ziemlich sicher, daß die Masse, die in der Form materieller Atome entweicht, im Vergleich zu der vernachlässigt werden kann, die in der Form von Strahlung unmerklich entschwindet. Sie werden vielleicht im Zweifel sein, ob die 120 Billionen Tonnen, die die Sonne jährlich durch Strahlung verliert, (in astronomischer Hinsicht) viel oder wenig sind. Von gewissen Gesichtspunkten aus ist es viel. Es ist mehr als 100 000 mal so viel wie die Masse der Calciumchromosphäre. Die Sonne müßte ihre Chromosphäre alle fünf Minuten fortblasen und ganz neu bilden, um auf diesem Wege so viel Masse zu verlieren, wie sie es durch Strahlung tut. Die Beobachtung der Sonne ergibt deutlich, daß so viel Materie nicht ausströmt. Anders ausgedrückt: um die oben genannte Entwicklungsgeschwindigkeit zu verdoppeln, müßten jede Sekunde eine Billion Atome durch jeden Quadratzentimeter der Sonnenoberfläche entweichen. Ich denke, wir dürfen daraus schließen, daß der Massenverlust sich auf keine Weise beschleunigen läßt und praktisch ganz auf Strahlung beruht.

Wir haben oben bemerkt (S. 20), daß die Natur die Sterne in ihrer Masse sehr ähnlich macht, aber sich eine gewisse Abweichung von ihrer Norm erlaubt, die manchmal einen Fehler um eine Null erreicht. Ich glaube, wir haben ihr ein Unrecht getan, und sie achtet sorgfältiger auf ihr Werk, als wir vermuteten. Wir hätten frische Geldstücke aus ihrer Münze untersuchen sollen; es war nicht recht, abgenutzte Stücke zu nehmen, darunter solche, die einige hundert Billionen Jahre im Umlauf waren und schon ziemlich dünn geworden sind. Wenn man die neu gebildeten, d. h. diffusen Sterne betrachtet, findet man, daß $90\,°/_°$ von ihnen das $2\,^{1}/_{2}$- bis $5\,^{1}/_{2}$-fache der Sonnenmasse haben — das beweist, daß die Sterne zu Anfang ebenso eng an einer Norm liegen wie menschliche Erzeugnisse. In dieser Reihe wächst der Strahlungsdruck von 17 auf $35\,°/_°$ des ganzen Drucks. Ich meine, man sollte erwarten, daß dies eine wichtige Stufe auf seinem Anstieg zur Bedeutsamkeit wäre. Wir stellen uns vor, daß die Massen der Sterne ursprünglich diese ziemlich strenge Gleichheit (die einen kleinen Bruchteil von Ausnahmesternen außerhalb dieser oberen Grenze nicht ausschließt) besitzen; die kleineren Massen haben sich aus diesen erst im Lauf der Zeit durch Ausstrahlung von Masse entwickelt.

Gegenwärtig ist die Sonne bei ihrem augenblicklichen Zustand zur Ruhe gekommen, die Menge der ausgestrahlten Energie wird gerade durch die im Innern frei gewordene inneratomare Energie ausgeglichen. Aber schließlich muß sie sich verändern. Die Veränderung oder Entwicklung geschieht stetig, aber zum besseren Verständnis wollen wir so tun, als ob sie schrittweise erfolgte. Man kann sich zwei mögliche Gründe für die Veränderung vorstellen: 1. der Betrag an inneratomarer Energie kann durch Erschöpfung sinken und nicht länger die Strahlung ausgleichen, und 2. die Sonne wird langsam ein Stern von kleinerer Masse. Die früheren Theorien nahmen allgemein den ersten Grund an, und wir können ihn noch jetzt für die Dauer des Riesenstadiums der Sterne als ausschlaggebend annehmen; aber der Grund für das Durchlaufen der Hauptreihe liegt natürlich im Massenverlust[1]. Offensichtlich bedeutet die Unterscheidung von Riesen- und Zwergsternen, die an Stelle der alten Unterscheidung von idealen und nicht idealen Gasen tritt, daß die ertragreichen und bald erschöpften inneratomaren Energiequellen im Riesenstadium versiegen und eine viel stetigere Quelle im Zwergstadium übrig bleibt.

Wenn die Sonne ein Stern von kleinerer Masse geworden ist, muß sich ihr innerer Zustand neu beruhigen. Nehmen wir an, daß sie zunächst ihre gegenwärtige Dichte wieder zu erlangen sucht. Wie auf S. 5 ausgeführt, können wir die innere Temperatur berechnen, und wir finden, daß die verringerte Masse bei gleicher Dichte eine niedrigere Temperatur erfordert. Dies wird den Verlust an inneratomarer Energie ein wenig abwenden, denn ohne Zweifel wird bei höheren Temperaturen mehr inneratomare Energie frei. Die verminderte Quelle wird nicht lange ausreichen, um die Strahlung auszugleichen; demgemäß wird sich der Stern zusammenziehen, gerade so wie es in der alten Kontraktionshypothese angenommen war, die dem Zustand entspricht, wo keine inneratomare Energie verbraucht wird. Der Grund ist Massenverlust; die erste Folge ist ein Anwachsen der Dichte, die ein anderes Kennzeichen des Fortschritts auf der Hauptreihe ist.

Wenn wir die Folgerungen ein wenig weiter verfolgen, verursacht das Anwachsen der Dichte ein Steigen der Temperatur, was den Hahn zum inneratomaren Energievorrat von neuem öffnet. Sobald der Hahn hinreichend weit offen ist, um die Strahlung des Sterns auszugleichen, zieht sich der Stern

---

[1] Bei einer Erschöpfung des Vorrats ohne Massenveränderung würde sich der Stern zu höherer Dichte zusammenziehen; Dichte und Masse würden solche Werte annehmen, wie man sie (nach den Beobachtungen) bei keinen wirklichen Sternen gleichzeitig gefunden hat.

nicht weiter zusammen und bleibt bei der kleineren Masse und höheren Temperatur im Gleichgewicht.

Sie sehen, daß wir auf die Gesetze für das Freiwerden der inneratomaren Energie zurückgreifen müssen, wenn wir zahlenmäßig berechnen wollen, warum beim Fortgang auf der Hauptreihe eine bestimmte Dichte einer bestimmten Masse entspricht. Der Stern muß sich so weit zusammenziehen, bis der innere Zustand derart ist, daß genau so viel Energie frei wird, wie zum Ausgleich der Strahlung notwendig ist.

Ich fürchte, dies alles klingt sehr verwickelt, aber ich wollte nur zeigen, daß der Stern nach einer Veränderung der Masse automatisch wieder ins Gleichgewicht zurückkehrt. Nach jeder Massenveränderung muß der Stern das Problem des für sein Gleichgewicht notwendigen inneren Zustands neu lösen. Die mechanischen Bedingungen (die Unterstützung des Gewichts der darüber liegenden Schichten) kann er dadurch befriedigen, daß er irgendeine Stufe bestimmter Dichte aus der Folge auswählt, vorausgesetzt, daß die innere Temperatur zu jener Dichte paßt. Aber ein solches Gleichgewicht kann nur eine bestimmte Zeit bestehen, und der Stern wird sich nicht eher wirklich beruhigen, bis der Hahn zur inneratomaren Energie so weit geöffnet ist, wie nötig ist, um die Strahlung auszugleichen, von der wir schon sahen, daß sie die Masse praktisch bestimmt. Der Stern probiert so lange am Hahn herum, bis er sein Gleichgewicht gesichert hat.

Eine wichtige Folgerung hat Professor Russel gezogen. Wenn der Stern den Hahn aufdreht, machte er es nicht so klug; daher muß ein Versuch automatisch zum nächsten Versuch führen, und es ist überaus wichtig, daß der nächste Versuch näher zum richtigen Ziel führt und nicht weiter davon abführt. Die Bedingung dafür, daß er näher zum richtigen Ziel führt, besteht darin, daß mit steigender Temperatur oder Dichte mehr inneratomare Energie frei wird[1]. Wenn weniger

---

[1] Diese Zunahme war bei unserer eingehenden Beschreibung der automatischen Einstellung des Sterns angenommen, man sieht, daß diese Annahme wesentlich war.

oder nur ebensoviel frei würde, würden die Versuche sich Schritt für Schritt weiter vom gesuchten Ziel entfernen, so daß der Stern ein stetiges Gleichgewicht niemals erreichen würde, obgleich es an sich möglich ist. Als eins der Gesetze für das Freiwerden der inneratomaren Energie muß man darum notwendig annehmen, daß ihre Menge mit der Temperatur oder mit der Dichte oder mit beiden anwächst; sonst erfüllt die inneratomare Energie nicht den Zweck, zu dem sie eingeführt wurde, nämlich den Stern auf lange Zeit unverändert zu lassen.

Das Merkwürdige ist, daß die Gleichgewichtsbedingung erfüllt ist, wenn die Temperatur im Inneren etwa 40 Millionen Grad beträgt — unabhängig davon, ob sich der Stern am Anfang, in der Mitte oder am Ende der Hauptreihe befindet. Am Anfang verlieren die Sterne von jedem Gramm Materie 700 Erg Energie in der Sekunde; die Sonne verliert 2 Erg in der Sekunde, Krüger 60 0,08 Erg in der Sekunde. Merkwürdigerweise müssen Sterne, die so verschiedene Energiequellen brauchen, alle bis zur selben Temperatur steigen, um sie zu erschließen. Es scheint, als ob bei Temperaturen unter dieser Grenze nicht einmal 0,08 Erg in der Sekunde verfügbar sind, daß aber bei der Grenze die Quelle praktisch unerschöpflich wird. Man kann kaum glauben, daß dort ein (druckunabhängiger) Siedepunkt liegt, bei dem die Materie in Energie verdampft. Die ganze Erscheinung ist völlig rätselhaft.

Ich muß hinzufügen, daß die Riesensterne Temperaturen beträchtlich unter 40 Millionen Grad haben. Es scheint, als ob sie über andere inneratomare Energiequellen verfügen, die bei niederen Temperaturen frei werden. Wenn der Stern diese Vorräte verbraucht hat, geht er in die Hauptreihe über und nährt sich weiter von dem Hauptvorrat. Weiter scheint notwendig, anzunehmen, daß der Hauptvorrat nicht beliebig lange reicht, und so der Stern (oder was von ihm übrig ist) die Hauptreihe verläßt und in das weiße Zwergstadium übergeht.

Wir sind jetzt in der Lage, eine Frage zu beantworten, die Sie vielleicht schon früher gern gestellt hätten. Warum pulsiert δ Cephei? Eine mögliche Antwort wäre, daß die Oszillation durch irgendeinen Zufall eingeleitet ist. Soweit wir berechnen können, würde eine Oszillation, wenn sie einmal angefangen hat, rund 10 000 Jahre fortfahren, bis sie gedämpft wird. Aber 10 000 Jahre hält man jetzt für eine unbedeutende Periode im Leben eines Sterns, und wenn man die große Zahl der Cepheiden bedenkt, scheint diese Erklärung unzutreffend, selbst wenn wir in die Art des oben angenommenen Zufalls einen Einblick erlangen könnten. Es ist viel wahrscheinlicher, daß die Pulsation von selbst einsetzt. Ungeheure Quellen von Wärmeenergie werden im Stern frei — weit mehr als genug, um die Pulsation anzuregen und zu unterhalten — und es sind mindestens zwei Möglichkeiten denkbar, wie diese Wärme den Mechanismus des Pulsierens unterhalten kann.

Die erste Möglichkeit ist diese: Wenn der Stern zuerst ein wenig pulsiert, hat er im zusammengezogenen Zustand eine höhere Temperatur und Dichte als gewöhnlich, und der Hahn zur inneratomaren Energie ist weiter geöffnet. Der Stern wird heiß, und die Ausdehnungskraft der neu hinzugekommenen Wärme unterstützt die neue Ausdehnung nach dem Zusammenziehen. Bei der größten Ausdehnung schließt sich der Hahn wieder ein wenig, und der Wärmeverlust vermindert den Widerstand gegen das darauf folgende Zusammenziehen. So wird das Ausdehnen und Zusammenziehen schrittweise immer stärker, und aus einem unendlich kleinen Anfang entsteht ein starkes Pulsieren. Man sieht, daß der Stern den Hahn zur inneratomaren Energie genau so handhabt wie eine Maschine das Ventil, das Dampf in ihren Zylinder läßt; so beginnt der Stern zu pulsieren, gerade wie eine Maschine.

Der einzige Einwurf, den ich gegen diese Erklärung finde, ist der, daß sie zu große Wirkung hat. Sie zeigt, warum man erwarten kann, daß ein Stern pulsiert; aber das Schlimme ist, daß die Sterne im allgemeinen nicht pulsieren — dies Verhalten ist nur eine seltene Ausnahme. Man kann jetzt das Verhalten der Cepheiden so leicht erklären, daß wir umgekehrt das sehr viel schwierigere Problem in Angriff nehmen müssen, das Verhalten der gewöhnlichen beständigen Sterne zu erklären. Ob ein Stern pulsiert oder nicht, hängt davon ab, ob der Mechanismus des Pulsierens stark genug ist, um die Kräfte zu überwinden, die das Pulsieren zu dämpfen oder zu vernichten streben. Wir können nicht aus einer bestimmten Theorie vorhersagen, ob ein Stern pulsiert. Wir müssen mit ziemlicher Mühe die Gesetze für das Freiwerden der inneratomaren Energie so ersinnen, daß sie mit unserer Erfahrung übereinstimmen, nach der die Mehrheit der Sterne unveränderlich bleibt, aber bei bestimmter Masse und Dichte die pulsierenden Sterne das Übergewicht haben.

Die Pulsation der Cepheiden ist eine Art Krankheit, die die Sterne in einem gewissen jugendlichen Alter befällt; nachdem sie sie durchgemacht haben, brennen sie ruhig. Es ist noch ein anderer Krankheitsanfall im späteren Leben möglich, bei dem die Sterne jene katastrophalen Ausbrüche erleben, die die „neuen Sterne" oder novae erscheinen lassen. Aber man kennt die Umstände sehr wenig, unter denen dies geschieht, und es ist ungewiß, ob die Ausbrüche von selbst eintreten oder von außen hervorgerufen werden.

Solange wir beim Allgemeinen stecken bleiben, macht die Theorie der inneratomaren Energie und besonders der Vernichtung der Materie einen vielversprechenden Anfang. Erst wenn wir zu den technischen Einzelheiten kommen, erheben sich Zweifel und Verlegenheiten. Schwierigkeiten ergeben sich aus dem gleichzeitigen Vorhandensein von Riesen- und Zwergsternen in Sternhaufen, trotz ihres weit verschiedenen Entwicklungszustands. Es ergeben sich Schwierigkeiten, wenn man Gesetze für das Freiwerden inneratomarer Energie ersinnen will, die die Stabilität der Sterne sichern, ohne jeden Stern pulsieren zu lassen. Schwierigkeiten ergeben sich aus der Tatsache, daß in der Regel im Riesenstadium die Energie um so schneller frei wird, je tiefer Temperatur und Dichte ist; und obgleich wir dies auf einem allgemeinen Wege erklären können, indem wir die Erschöpfung der ergiebigeren Energiequellen betrachten, werden die Tatsachen durch ein solches

8*

Schema nicht alle erfaßt. Schließlich ergeben sich große Schwierigkeiten, wenn man die aus astronomischen Beobachtungen erschlossenen Gesetze für das Freiwerden mit dem theoretischen Bild in Einklang bringen will, das wir uns von der Vernichtung der Materie und der Wechselwirkung von Atomen, Elektronen und Strahlung machen können.

Diese Dinge sind äußerst wichtig, aber wir können sie in dieser Vorlesung nicht weiter verfolgen. Wenn die Theorie zu einer klaren Führung fähig ist, sammelt sich das Interesse um die Grundprinzipien; wenn aber die Theorie unvollkommen ist, klammert man sich an technische Einzelheiten, die man ängstlich untersucht, wenn sie bald die eine, bald die andere Auffassung zu begünstigen scheinen. Ich habe mich hauptsächlich mit zwei springenden Punkten beschäftigt: der Frage nach der Energiequelle der Sterne und der Massenveränderung, die bei einer Entwicklung schwacher Sterne aus hellen Sternen eintreten muß. Ich habe gezeigt, wie diese für die Hypothese von der Vernichtung der Materie zu sprechen scheinen. Ich halte dies nicht für einen sicheren Beweis. Ich zögere sogar, dies als wahrscheinlich zu bezeichnen, weil sich aus vielen Einzelheiten beträchtliche Zweifel ergeben, und ich habe den bestimmten Eindruck, als müßte ein wesentlicher Punkt dabei noch nicht erfaßt sein. Ich berichte dies nur als den Faden, den wir im Augenblick zu verfolgen versuchen — ohne zu wissen, ob es eine falsche oder eine richtige Fährte ist.

Ich hätte zum Schluß dieser Vorlesungen gern zu irgendeinem Höhepunkt geführt. Aber vielleicht stimmt es besser mit dem wahren Verhalten wissenschaftlichen Fortschritts überein, wenn sie mit einem Blick auf die Dunkelheit, die die Grenzen des gegenwärtigen Wissens bezeichnet, ausklingt. Ich will diesen lahmen Schluß nicht entschuldigen; denn er ist kein Schluß. Hoffentlich haben Sie den Eindruck, daß dies erst ein Anfang ist.

Anhang A.

Weitere Bemerkungen über den Begleiter des Sirius.

Ich wollte die Geschichte des Begleiters des Sirius nicht durch Einzelheiten technischer Art verwirren, einige weitere Aufklärung wird daher solchen Lesern, die über diesen seltsamen Stern gern näheres erfahren möchten, willkommen sein. Ich bin auch in der Lage, einen neuen Beitrag zu dieser „Detektivgeschichte" zu geben, der gerade bekannt geworden ist; die Fährte verfolgt zur Zeit Mr. R. H. Fowler.

Der Stern liegt zwischen der achten und neunten Größe, ist also gar nicht ungewöhnlich schwach. Die Schwierigkeit, ihn zu entdecken, entsteht allein aus dem überstrahlenden Licht seines Nachbars. In günstigen Zeiten war er bequem mit einem achtzölligen Fernrohr zu sehen. Die Umlaufsperiode beträgt 49 Jahre.

Der Abstand zwischen dem Sirius und seinem Begleiter ist ungefähr ebenso groß wie der zwischen Uranus und Sonne — oder 20mal so groß wie der Abstand zwischen der Erde und der Sonne. Es könnte scheinen, als ob das Licht reflektiertes Licht vom Sirius ist. Hiermit ließe sich sein weißes Licht leicht deuten, aber nicht direkt sein Spektrum, das von dem des Sirius merklich verschieden ist. Um $^1/_{10\,000}$ des Lichts des Sirius (seiner wirklichen Helligkeit) zu reflektieren, müßte der Begleiter einen Durchmesser von 118 Millionen Kilometern haben. Der scheinbare Durchmesser seiner Scheibe würde $0,3''$ betragen. Man sollte meinen, daß dieser trotz der ungünstigen Beobachtungsbedingungen auffindbar sein müßte. Aber der schwerste Einwand gegen diese Hypothese des reflektierten Lichts besteht darin, daß sie sich nur auf diesen einen Stern anwenden läßt. Die beiden andern bekannten weißen Zwerge haben keinen funkelnden Stern in ihrer Nachbarschaft und können darum kein reflektiertes Licht aussenden. Es lohnt kaum die Zeit, eine durchgearbeitete Erklärung für einen dieser seltsamen Sterne zu suchen, die die beiden andern nicht mit umfaßt.

Der Einstein-Effekt, an den man sich zur Bestätigung der hohen Dichte wandte, besteht in einer Vergrößerung der Wellenlänge und einer entsprechenden Verminderung der Frequenz des Lichts entsprechend der Stärke des Gravitationsfelds, durch das die Strahlen hindurch müssen. Infolgedessen erscheinen die schwarzen Linien bei größeren Wellenlängen, d. h. im Vergleich zu den irdischen Linien nach

Rot verschoben. Der Effekt kann sowohl aus der Relativitätstheorie als auch aus der Quantentheorie abgeleitet werden; wer die Quantentheorie ein wenig kennt, wird die folgende Begründung am einfachsten finden: Die Atome senden auf den Sternen dasselbe Energiequant $h\nu$ aus wie auf der Erde, aber dieses Quant muß einen Teil seiner Energie verbrauchen, um aus dem Schwerefeld des Sterns zu entfliehen. Die dazu nötige Energie ist gleich der Masse $h\nu/c^2$, multipliziert mit dem Gravitationspotential Φ an der Oberfläche des Sterns. Demgemäß ist die nach der Flucht übrigbleibende Energie $h\nu\,(1 - \Phi/c^2)$; und da sie wieder ein Quant $h\nu'$ bilden muß, muß sich die Frequenz bis zu einem Wert $\nu' = \nu\,(1 - \Phi/c^2)$ ändern. So ist die Verschiebung $\nu' - \nu$ proportional Φ, d. h. proportional der Masse, dividiert durch den Radius des Sterns.

Der Effekt im Spektrum gleicht dem Dopplereffekt für eine rückläufige Geschwindigkeit und kann darum nur davon unterschieden werden, wenn wir die Geschwindigkeit des beobachteten Sterns schon kennen. Im Falle eines Doppelsterns kennt man die Geschwindigkeit aus der Beobachtung der anderen Komponente des Systems, so daß der Teil der Verschiebung, der auf den Dopplereffekt zurückgeht, bekannt ist. Wegen seiner Kreisbewegung besteht gegenwärtig zwischen dem Sirius und seinem Begleiter ein Geschwindigkeitsunterschied von 4,3 km/sek, und dies kann man gebührend berücksichtigen; der beobachtete Lageunterschied zwischen den Spektrallinien des Sirius und seines Begleiters entspricht einer Geschwindigkeit von 23 km/sek, von denen 4 km/sek auf die Kreisbewegung fallen und die übrigen 19 km/sek als EINSTEIN-Effekt gedeutet werden müssen. Das Ergebnis beruht in der Hauptsache auf Messungen der Spektrallinie H_β. Die andern günstigen Linien liegen im blaueren Teil des Spektrums, und da die Streuung durch die Atmosphäre nach Blau hin wächst, stört das zerstreute Licht des Sirius. Sie scheinen indessen eine gewisse, für uns nützliche Bestätigung zu liefern.

Von den andern weißen Sternen ist o_2 Eridani ein Doppelstern, dessen Begleiter ein noch schwächerer roter Zwerg ist. Die Rotverschiebung im Spektrum wird kleiner sein als beim Begleiter des Sirius, und es wird nicht leicht sein, sie von verschiedenen möglichen Fehlerquellen zu trennen. Trotzdem ist die Aussicht nicht hoffnungslos. Der andere bekannte weiße Zwerg ist ein namenloser Stern, den VAN MAANEN entdeckt hat; er ist ein Einzelstern, darum kann man auf keinen Fall zwischen EINSTEIN- und Dopplerverschiebung unterscheiden. Auch verschiedene andere Sterne sind vermutlich in diesem Zustand, darunter der Begleiter des Prokyon, 85 Pegasi und Mira Ceti.

Wenn der Begleiter des Sirius aus idealem Gas bestünde, würde seine Temperatur im Innern gegen $1\,000\,000\,000^0$ betragen, und in der Mitte würde der Stern eine Million mal so dicht sein wie Wasser. Es ist indessen unwahrscheinlich, daß der Zustand eines idealen Gases so lange anhält. Es ist klar, daß die Dichte in jedem Fall nach außen hin abnimmt, und die Gegenden, die wir *beobachten*, sind ganz normal. Der dichte Stoff ist unter hohem Druck im Innern eingezwängt.

Vielleicht ist der merkwürdigste Zug, der noch zu besprechen wäre, die außerordentliche Verschiedenheit in der Entwicklung zwischen dem Sirius und seinem Begleiter, die doch beide zur selben Zeit entstanden sein müssen. Nach der ausgestrahlten Masse müßte das Alter des Sirius weniger als eine Billion Jahre betragen; eine beliebig große Anfangsmasse würde in einer Billion Jahre durch Strahlung soviel Masse verloren haben, daß sie kleiner ist als die gegenwärtige Masse des Sirius. Aber ein solcher Abschnitt ist unbedeutend in der Entwicklung eines kleinen Sternes, der langsamer strahlt, und man kann schwer einsehen, warum der Begleiter die Hauptreihe schon verlassen hat und in dieses (vermutlich) spätere Stadium übergegangen ist. Dies berührt sich mit andern Schwierigkeiten beim Problem der Sternentwicklung, und ich bin überzeugt, daß dort noch Dinge von grundlegender Bedeutung ihrer Entdeckung harren.

Bis vor kurzem glaubte ich, daß in dem letzten Schicksal der weißen Zwerge eine ernsthafte (oder, wenn Sie wollen, komische) Schwierigkeit läge: Ihre hohe Dichte ist nur möglich, weil die Atome zerschlagen sind, was wiederum von der hohen Temperatur abhängt. Die Annahme, daß die Materie beim Sinken der Temperatur in diesem Zustand bleiben kann, scheint kaum zulässig. Wir müssen vorwärts blicken zu einem Zeitpunkt, wo die inneratomare Energiequelle versiegt und nichts die hohe Temperatur aufrecht erhalten kann; bei der Abkühlung muß dann die Materie zur gewöhnlichen Dichte irdischer Körper zurückkehren. Der Stern muß sich darum ausdehnen, und um eine tausendmal geringere Dichte zu erlangen, muß sich der Radius auf das Zehnfache ausdehnen. Um aber die Materie gegen die Gravitation nach außen zu pressen, braucht man Energie. Woher kommt diese Energie? Ein gewöhnlicher Stern hat nicht genug Wärmeenergie, um sich so weit gegen die Gravitation auszudehnen; und von einem weißen Zwerg kann man kaum annehmen, daß er sich genügend vorgesehen und für diese notwendige Ausdehnung Vorsorge getroffen hat. So befindet sich der Stern in einer peinlichen Lage: er verliert dauernd Wärme, *aber hat nicht genügend Energie, sich abzukühlen.*

Ein Vorschlag zur Vermeidung dieser Schwierigkeit ist wie der Einfall eines Dichters, der seine Charaktere in solche Verwirrung bringt, daß die einzige Lösung darin besteht, sie zu töten. Wir könnten annehmen, daß so lange inneratomare Energie frei wird, bis sie die ganze Masse auseinandergepreßt hat — oder wenigstens dem Stern aus dem

Zustand eines weißen Zwergs herausgeholfen hat. Aber das trifft die Schwierigkeit kaum; die Theorie müßte irgendwie eine unmögliche Schwierigkeit notwendig vermeiden und sich nicht darauf verlassen, daß zusammenhanglose Eigenschaften der Materie die wirklichen Sterne vor Verwirrung bewahren.

Die ganze Schwierigkeit scheint indessen durch eine neue Untersuchung von R. H. FOWLER beseitigt zu sein. Er schließt überraschenderweise, daß die dichte Materie des Begleiters des Sirius einen umfangreichen Energievorrat für die Ausdehnung zur Verfügung hat. Das Interessanteste ist, daß diese Lösung einige der neusten Entwicklungen der Quantentheorie heranzieht — die „neue Statistik" von EINSTEIN und BOSE und die Wellentheorie von SCHRÖDINGER. Es ist ein seltsames Zusammentreffen, daß ungefähr zur selben Zeit, wo Materie von außergewöhnlich hoher Dichte die Aufmerksamkeit der Astronomen in Anspruch nahm, die Physiker eine neue Theorie der Materie entwickelten, die namentlich für hohe Dichte gilt. Nach dieser Theorie hat die Materie gewisse Welleneigenschaften, die sich bei irdischen Dichten kaum zeigen können; aber sie werden sehr wichtig bei Dichten wie der des Begleiters des Sirius. Bei der Betrachtung dieser Eigenschaften kam FOWLER auf den Energievorrat, der unsere Schwierigkeit löst; die klassische Theorie der Materie kennt ihn nicht. Die weißen Zwerge scheinen ein geeignetes Jagdgefilde für die umwälzendsten Entwicklungen der theoretischen Physik zu sein.

Um eine gewisse Vorstellung von der neuen Theorie dichter Materie zu bekommen, beginnen wir mit einem Hinweis auf die Photographie der BALMER-Serie auf Abb. 9. Sie zeigt das Licht, das von einer großen Anzahl Wasserstoffatomen in allen möglichen Zuständen bis zu Nr. 30 mit einer relativen Stärke, die ihrem Vorkommen in der Chromosphäre der Sonne entspricht, ausgestrahlt wird. Die alte elektromagnetische Theorie nahm an, daß Elektronen bei Bewegungen auf gekrümmten Bahnen beständig Licht aussenden, und die alte statistische Theorie gab das Häufigkeitsverhältnis von Bahnen verschiedener Größe an, so daß die Verteilung des Lichts im kontinuierlichen Spektrum berechnet werden konnte. Diese Angaben sind falsch und geben nicht die in der Photographie gezeigte Lichtverteilung; *aber sie werden weniger falsch, wenn wir näher an den Kopf der Serie kommen.* Die späteren Linien der Serie rücken zusammen und kommen sich dann so nahe, daß sie sich praktisch nicht von kontinuierlichem Licht unterscheiden lassen. So wird die klassische Voraussage eines kontinuierlichen Spektrums angenähert richtig; gleichzeitig nähert sich die klassische Voraussage seiner Intensität der Wahrheit. Das ist das berühmte, von BOHR ausgesprochene Korrespondenzprinzip; es besagt, daß für Zustände mit hoher Nummer die neuen

Quantengesetze in die alten klassischen Gesetze übergehen. Wenn wir nur Zustände mit hoher Nummer zu betrachten haben, ist es gleichgültig, ob wir die Strahlung oder Statistik nach den alten oder neuen Gesetzen berechnen.

In hohen Zuständen ist das Elektron meist weit vom Kern entfernt. Beständige Nähe am Kern bedeutet einen niedrigen Zustand. Müssen wir nicht erwarten, daß bei ungewöhnlich dichter Materie die beständige Nähe der Teilchen die charakteristischen Erscheinungen niedrig bezifferter Zustände entstehen läßt? Es besteht kein wirklicher Sprung zwischen dem Bau des Atoms und dem Bau des Sterns; die Bänder, die die Teilchen im Atom halten, halten auch ausgedehnte Gruppen von Teilchen und vielleicht den ganzen Stern. Solange diese Bänder eine hohe Quantenzahl haben, genügt die andere Annahme, die die Wechselwirkungen durch Kräfte nach klassischer Weise darstellt und die „Zustände" nicht berücksichtigt. Für eine sehr hohe Dichte gibt es keine andere Deutung, und wir dürfen nicht in Kräften, Geschwindigkeiten und Verteilungen unabhängiger Teilchen denken, sondern in Zuständen.

Die Wirkung dieses Zusammenbruchs der klassischen Theorie übersieht man am besten, wenn man sofort zum äußersten Grenzfall übergeht, wo der Stern ein einziges System oder Molekül im Zustand Nr. 1 geworden ist. Wie ein angeregtes Atom in unstetigen Sprüngen wieder zusammenbricht, Sprüngen, wie sie die BALMER-Serie geben, so erreicht der Stern mit den letzten Atemzügen seiner Strahlung eine Grenze, über die er nicht hinaus kann. Dies bedeutet nicht, daß ein weiteres Zusammenziehen ausgeschlossen ist, weil die letzten Teilchen sich berühren, ebensowenig wie der Zusammenbruch der Wasserstoffatome verhindert ist, wenn die Elektronen und Protonen aneinanderstoßen. Die Entwicklung ist beendigt, weil der Stern zu dem Anfangszustand zurückgekehrt ist, der einer unter einer in sich geschlossenen Reihe von möglichen Zuständen eines materiellen Systems ist. Ein Wasserstoffatom von Zustand Nr. 1 kann nicht strahlen; trotzdem bewegt sich sein Elektron mit hoher kinetischer Energie. Ebenso strahlt ein Stern nicht mehr, wenn er Zustand Nr. 1 erreicht hat; trotzdem bewegen sich seine Teilchen mit ungemein großer Energie. Welche Temperatur hat er? Wenn man die Temperatur durch die Stärke der Strahlung mißt, ist seine Temperatur absolut Null, weil keine Strahlung vorhanden ist; wenn man die Temperatur durch die durchschnittliche Geschwindigkeit der Moleküle mißt, ist seine Temperatur so hoch wie nur möglich. Das endgültige Schicksal der weißen Sterne ist es, gleichzeitig die heißeste und kälteste Materie im Weltall zu werden. Unsere Schwierigkeit hat sich auf doppelte Weise gelöst. Weil der Stern äußerst heiß ist, hat er genug Energie, um sich abzukühlen,

wenn er es muß; weil er so ungemein kalt ist, hat seine Strahlung auf-
gehört, und er braucht überhaupt nicht mehr kälter zu werden.

Wir haben beschrieben, was vermutlich der Endzustand der weißen Zwerge und darum vielleicht aller Sterne ist. Der Begleiter des
Sirius hat diesen Zustand noch nicht erreicht, aber er ist so nahe daran,
daß die klassische Behandlung nicht mehr zulässig ist. Wenn Sterne
den Zustand Nr. 1 erreicht haben, sind sie unsichtbar; ebenso wie
Atome im Normalzustand (dem niedrigsten) geben sie kein Licht.
Der Atomverband, der der klassischen Annahme von Kräften wider-
spricht, hat sich über den ganzen Stern ausgedehnt. Als ich diesen
Ausflug ins Reich der Sterne und Atome begann, ahnte ich kaum, daß
er mit dem Glimmen eines Sternatoms enden würde.

Anhang B.
Die Identifikation des Nebulium.

Das interessanteste Ereignis in der Astrophysik seit der ersten
Auflage dieses Buches ist die Identifikation des Nebulium durch
I. S. Bowen im Herbst 1927. Wir sagten (S. 50), „Nebulium ist kein
neues Element. Es ist irgendein ganz bekanntes Element, das wir
nicht bestimmen können, weil es mehrere seiner Elektronen verloren
hat". Es hat sich jetzt herausgestellt, daß Nebulium Sauerstoff ist,
der zwei Elektronen verloren hat. Trotzdem haben sich bei dieser
Identifikation unvorhergesehene Umstände ergeben. Es ist nicht
schwierig, im Laboratorium zwei Elektronen vom Sauerstoffatom
abzuspalten und so ein Nebuliumatom zu erhalten; aber im Laboratorium sendet dieses kein Nebuliumlicht aus. Unser Fehler beim Versuch einer künstlichen Erzeugung von Nebuliumlicht lag nicht in der
Unfähigkeit, die Atome hinreichend kräftig zu beschießen, sondern
lag darin, daß wir sie nicht genügend in Ruhe lassen konnten.

Wir sprachen in den Vorlesungen von einem Wettlauf zwischen
den experimentellen und den theoretischen Physikern, das Geheimnis
des Nebuliums zu lösen; der wirkliche Erfolg wurde jetzt durch eine
glückliche Verbindung der Arbeit beider erzielt. Um dies zu verstehen, müssen wir zuerst erwähnen, daß man, wenn man die Lage
einiger Linien im Spektrum experimentell gemessen hat, die Lage
weiterer Linien nach einer einfachen und genauen Regel berechnen
kann. Wenn wir z. B. drei Zustände eines Atoms betrachten, dann
besagt die Regel, daß die Frequenz der beim Übergang von Zustand 3
nach Zustand 1 ausgestrahlten Spektrallinie die Summe der Frequenzen der Linien ist, die bei den Übergängen von Zustand 3 nach
Zustand 2 und von Zustand 2 nach Zustand 1 ausgestrahlt werden.
Ähnlich würde es, wenn es 10 Zustände des Atoms gäbe, genügen,

die Frequenzen von 9 Spektrallinien experimentell zu messen; wir können dann durch wiederholte Anwendung der theoretischen Regel, das ganze Spektrum berechnen, das aus 45 Linien besteht, entsprechend den 45 möglichen Paaren von Zuständen, zwischen denen ein Übergang stattfinden kann. Das Streben der theoretischen Physiker geht dahin, das Spektrum allein aus der Kenntnis der Elektronenstruktur des Atoms zu berechnen, ohne irgendwelche Hilfe von seiten der Beobachtung; aber bisher ist dies nur für den allereinfachsten Typus eines Atoms gelungen. Wenn sie dagegen ihr Ziel weniger weit stecken, können die theoretischen Physiker ein teilweise beobachtetes Spektrum hinnehmen und daraus den fehlenden Teil berechnen. Das Licht, das zu uns von Sauerstoffionen in fernen Nebeln kommt, gehört keinem Teil des experimentell bekannten Sauerstoffspektrums an; trotzdem ist sein Urheber ohne Zweifel Sauerstoff, weil es zu dem auf die angegebene Weise ergänzten Sauerstoffspektrum gehört.

Man kann ein Pferd zum Wasser führen, aber man kann es nicht zwingen zu trinken. Im Laboratorium können wir doppelt ionisierte Sauerstoffatome herstellen und sie auf den Zustand 2 bringen, aber wir können sie nicht dazu bringen, in den Zustand 1 zurückzufallen. Theoretisch kennen wir das Licht, das es bei diesem Übergang ausstrahlen würde, ganz genau; und jetzt sehen wir, daß die Atome dieses Licht in den Nebeln freiwillig von sich geben, obgleich sie es auf unser Kommando nicht tun. Bei uns weigern sich die Atome, zwischen Zustand 1 und Zustand 2 überzuspringen, sie machen stets den Umweg über Zustand 3 oder 4. Es gibt im vollständigen Spektrum stets eine Anzahl von Linien, die sich experimentell nicht zeigen, weil das Atom den entsprechenden Übergang nicht ausführt; es gibt sogar eine Auswahlregel, die es ermöglicht, die fehlenden oder „verbotenen Linien" vorherzusagen. Es scheint aber, als ob der Hinderungsgrund mit den Zufälligkeiten unserer irdischen Verhältnisse zusammenhinge und keine allgemeine Gültigkeit besäße.

Wenn ein Atom angeregt ist, können wir uns sein Elektron bildlich als einen Gast in einem oberen Stockwerk eines altmodischen Gasthauses mit vielen gegeneinander versetzten und einander überkreuzenden Treppen vorstellen; er sucht seinen Weg hinunter zum Erdgeschoß — dem normalen, unangeregten Zustand. Es gibt viele verschiedene Wege nach unten, aber es gibt nicht immer einen direkten Weg von einem Stockwerk zum andern. Manchmal gerät der Gast in eine Sackgasse, von der kein Weg nach unten führt und ihm nichts anderes übrig bleibt, als wieder zu einem höheren Stockwerk aufwärts zu steigen und einen neuen Weg nach unten zu versuchen. Die Sackgasse entspricht einem Zustand des Atoms, der zwar noch nicht der niedrigste ist, von dem es aber keinen nicht verbotenen Übergang zu einem niedrigeren Zustand gibt. Einen solchen Zustand nennt man *metastabil*. Es gibt viele nicht verbotene Wege nach oben, aber, um einen von diesen einzuschlagen, muß das Atom von äußeren Kräften her mit Energie versehen werden; von selbst kann es nur abwärts gehen, und in einem metastabilen Zustand sind alle abwärts führenden Wege verboten. Auf dreierlei Weise kann das Atom aus der Sackgasse befreit werden. Zuerst könnte es durch Absorption von Licht diejenige Energie erhalten, die notwendig ist, um einen höheren Zustand zu erreichen, von dem es dann einen anderen Weg nach unten einschlagen kann, diesmal vielleicht mit besserem Erfolg. Zweitens sind die gewöhnlichen Regeln aufgehoben, wenn es mit einem anderen Atom oder freien Elektron zusammenstößt; der Gast findet sich sozusagen durch ein Erdbeben in das Erdgeschoß versetzt. Aber in diesem Fall wird das dem Übergang entsprechende Licht nicht ausgestrahlt, da die Energie auf andere Weise verloren geht. Endlich wird das Elektron, wenn es nach langem Warten nicht auf eine der beiden ersten Methoden befreit worden ist, sich durch den verbotenen Ausgang wagen und die verbotene Linie des Spektrums wird ausgestrahlt. „Notausgang“ würde vielleicht eine bessere Beschreibung sein als „verbotener Ausgang“.

Bei Versuchen auf der Erde ist es nicht möglich, ein Atom mehr als $1/_{1000}$ Sekunde ungestört zu lassen. Während dieser Zeit muß es mit anderen Gasatomen oder mit den Wänden der Vakuumröhre zusammenstoßen. Alle Atome, die sich in einem metastabilen Zustand befinden, können damit rechnen, innerhalb $1/_{1000}$ Sekunde befreit zu werden, und haben gar keine Gelegenheit, einen Notausgang zu benutzen. In dem verdünnten Gas um die Sonne (in der Chromosphäre und Corona) sind dagegen Zusammenstöße selten; aber die starke Sonnenstrahlung regt die Atome viele 1000mal in der Sekunde an, so daß sie bald durch höhere Übergänge aus dem metastabilen Zustand befreit werden. Aber in der Einsamkeit eines Nebels kann ein Atom 1 Jahr oder länger wandern, ohne mit irgend etwas zusammenzustoßen, und das Licht, das durch den Nebel hindurchgeht, ist so schwach, daß das Atom nur ungefähr einmal im Jahrhundert angeregt wird. Wenn ein Atom (nach seiner letzten Anregung) in einen metastabilen Zustand gefallen ist, so zögert es eine lange Zeit, aber nichts tritt ein, was es befreit, und so benutzt es zuletzt den verbotenen Ausgang. So beobachten wir in den friedlichen Verhältnissen eines Nebels Licht, das in der unruhigen Bewegung einer Vakuumröhre nicht ausgesandt wird.

Man darf nicht übersehen, daß die ungeheure Ausdehnung der Nebel ganz eng mit dem Auftreten dieser verbotenen Linien zusammenhängt. Wir wissen nicht, wie lange ein Atom in einem metastabilen Zustand wartet — 1 Minute, 1 Monat, 1 Jahrhundert. Aber es gibt keinen Weg, das Atom zu beschleunigen; wenn wir es nicht während dieser Zeit in Ruhe lassen, wird es die verbotene Linie nicht aussenden. Die Nebuliumstrahlung muß daher äußerst schwach sein im Vergleich z. B. mit dem Calciumlicht in der Sonnenchromosphäre, wo jedes Atom seine Arbeit 20000mal in der Sekunde verrichtet (S. 68). Die große Zahl der Atome in einem Nebel gleicht die Faulheit der einzelnen Atome aus. Wenn die Menge an Sauerstoff in einem Nebel so groß ist wie die Sonnenmasse — eine vernünftige Abschätzung für diffuse Nebel — und wenn weiter jedes Atom *einmal im Jahrhundert* angeregt wird, Nebuliumlicht auszustrahlen, dann wird die gesamte Helligkeit an Nebuliumlicht 1000mal so groß sein wie die Helligkeit der Sonne.

Diese Identifikation des Nebuliums ist bestätigt durch die Tatsache, daß die anderen verdächtigen unbekannten Linien in den Spektren der Nebel ebenfalls als verbotene Linien identifiziert worden sind. Einige gehören zu einfach ionisiertem Sauerstoff, die anderen zu einfach ionisiertem Stickstoff. Eine Mischung aus Stickstoff und Sauerstoff ist uns allen bekannt. Wieder einmal sind wir von der Erzgaunerin Natur an der Nase herumgeführt worden. Sie hat in die Himmel wolkenartige Gebilde gesetzt, die in einem ,,Licht, das noch niemals auf dem Wasser oder auf dem Lande leuchtete[1]", erglänzten, und wir haben uns eingebildet, daß sie aus uns unbekannten Elementen beständen und haben diesen Elementen sogar schon Namen gegeben. Aber der leuchtende Stoff, der uns so lange genarrt hat, ist — Luft.

---

[1] Aus Wordsworth, Lines suggested by a Picture of Peele Castle in a Storm.